ÉTUDE

SUR

L'ORGANISATION DU CRÉDIT AGRICOLE

EN FRANCE

THÈSE POUR LE DOCTORAT

PAR

Paul CHOQUET

PARIS

LIBRAIRIE NOUVELLE DE DROIT ET DE JURISPRUDENCE

ARTHUR ROUSSEAU

ÉDITEUR

14, RUE SOUFFLOT ET RUE TOULLIER, 13

1899

THÈSE

POUR LE DOCTORAT

UNIVERSITÉ DE CAEN

FACULTÉ DE DROIT

Année scolaire 1898-1899

DOYEN :

M. Edmond VILLEY (✳, I. ❀), correspondant de l'Institut, membre du Conseil supérieur de l'Instruction publique.

PROFESSEURS :

MM. TOUTAIN (✳, I. ❀), professeur de *Droit administratif*.

DANJON (I. ❀), professeur de *Droit commercial et de Droit maritime*.

Edmond VILLEY (✳, I. ❀), professeur d'*Economie politique*, chargé du cours de *Droit constitutionnel comparé*.

LAISNÉ DES HAYES (A. ❀), professeur de *Droit romain*, chargé d'un cours de *Code civil*.

GUILLOUARD (✳, I. ❀, C. ✠), professeur de *Code civil*.

LEBRET (I. ❀), professeur de *Code civil* (député du Calvados), Garde des Sceaux, Ministre de la Justice.

CABOUAT (I. ❀), professeur de *Droit international public et privé*, et de *Législation industrielle*.

MARIE (I. ❀), assesseur du doyen, professeur de *Droit criminel*, et chargé du cours sur la *Coutume de Normandie*.

Ambroise COLIN (I. ❀), professeur de *Code civil*, et chargé du cours d'*Histoire du Droit français*.

BIVILLE (A. ❀), professeur de *Procédure civile*, et chargé du cours d'*Histoire générale du Droit français*.

AGRÉGÉS :

MM. DEBRAY, chargé d'un cours de *Droit romain* (en congé).

René WORMS (A. ❀), chargé des cours d'*Histoire des Doctrines économiques* et d'*Economie politique*.

LE FUR, chargé des cours d'*Histoire du Droit public français* et d'*Eléments du Droit constitutionnel*.

ASTOUL, chargé d'un cours de *Droit romain* et du cours de *Pandectes*.

CHARGÉ DE COURS :

M. SUMIEN, chargé d'un cours de *Droit romain* et du cours de *Droit civil approfondi et comparé*.

SECRÉTAIRE :

M. GILLET (I. ❀), secrétaire de l'Université de Caen.

UNIVERSITÉ DE CAEN. — FACULTÉ DE DROIT

ÉTUDE

SUR

L'ORGANISATION DU CRÉDIT AGRICOLE

EN FRANCE

THÈSE POUR LE DOCTORAT

Présentée et soutenue le lundi 26 juin 1899, à 3 heures

PAR

Paul CHOQUET

JURY D'EXAMEN :

Président : M. Edmond VILLEY, *professeur-doyen.*

Suffragants : { MM. Jules CABOUAT, *professeur.*
{ René WORMS, *agrégé.*

PARIS

LIBRAIRIE NOUVELLE DE DROIT ET DE JURISPRUDENCE

ARTHUR ROUSSEAU

ÉDITEUR

14, RUE SOUFFLOT ET RUE TOULLIER, 13

1899

A MES PARENTS

A MES AMIS

ÉTUDE

SUR

L'ORGANISATION DU CRÉDIT AGRICOLE

EN FRANCE

INTRODUCTION

Le problème du crédit agricole est à l'ordre du jour. Cette institution qui a pour but de prêter des capitaux aux travailleurs des champs pour les aider à développer leur culture, à réaliser des bénéfices plus appréciables, à vivre avec plus d'aisance et de confortable, attire l'attention des économistes et des hommes d'État.

Dans la séance de la Chambre des députés du 16 juin 1892, M. Jules Méline s'exprimait ainsi : « Organiser le crédit agricole, c'est porter la production du sol français à son maximum de puissance ; c'est faire sortir du sol de notre pays les milliards qui y sont enfouis ; c'est donner de la confiance à nos campagnes ; c'est arrêter· cette émigration des populations rurales vers les villes qui fait une concurrence si redoutable à nos ouvriers ; c'est mettre à la disposition des consommateurs une masse énorme de produits ; c'est rendre enfin un immense service au marché des capitaux si souvent en désarroi, en les reportant vers leur véritable destination, qui est de féconder le travail. »

L'importance du crédit agricole, qui ressort clairement de cette citation, a été comprise des cultivateurs français. Depuis quelques années, des associations nombreuses se sont formées et elles ont produit partout les meilleurs résultats.

L'État ne pouvait rester indifférent à ce mouvement. Il a compris son rôle légitime qui est de seconder l'initiative privée, et cette intervention s'est manifestée par des mesures efficaces, qui prouvent la sollicitude du législateur pour les intérêts agricoles.

En 1894, le Parlement vote une loi destinée à favoriser l'éclosion de sociétés de crédit rural. En 1897, le renouvellement du privilège de la Banque de France permet de consacrer un capital de 40 millions et une annuité de 2 millions à la fondation de caisses régionales de crédit. En 1898, paraît la loi relative aux warrants agricoles. Enfin, en 1899, le Parlement adopte le projet de loi concernant l'organisation des caisses régionales de crédit mutuel.

Comme on le voit, le crédit agricole occupe en France une situation notable.

Nous allons essayer de décrire cette situation ; nous étudierons le mécanisme des institutions qui ont été créées par l'initiative individuelle, et nous verrons les dispositions prises par le législateur pour favoriser leur développement.

Heureux si nos modestes efforts contribuent à propager une œuvre vraiment populaire !

CHAPITRE PREMIER

NATURE ET UTILITÉ DU CRÉDIT AGRICOLE.

I

Le mot *crédit* dérivé de l'expression latine *credere* signifie confiance. En effet, la confiance est le facteur essentiel, l'élément fondamental du crédit ; en d'autres termes, l'emprunteur doit offrir au créancier des *garanties* sérieuses de remboursement. Que ces garanties soient d'ordre matériel ou moral, peu importe ; ce qui est nécessaire, c'est leur existence.

Le crédit agricole, comme le crédit commercial, comme le crédit industriel, est soumis à ces règles générales. Le cultivateur qui demande des fonds à un capitaliste doit présenter de solides *garanties* : si ses immeubles sont grevés d'hypothèques, s'il a lui-même subi quelque condamnation infamante, ses demandes de crédit seront rejetées ; si, au contraire, ce cultivateur est propriétaire d'un petit patrimoine bien conservé et libre de toute charge ; si, à défaut de ressources pécuniaires, il peut justifier de qualités morales et professionnelles, il trouvera facilement l'argent dont il a besoin.

En un mot, le crédit agricole, par nature, est iden-
tique à tout autre crédit : pour l'obtenir, il faut le mé-
riter.

II

D'une manière générale, on peut dire que le crédit à
l'agriculture a pour objet de fournir des capitaux au
cultivateur pour lui permettre d'améliorer sa situation.
Mais ce crédit se présente sous deux formes très différentes : il s'appelle *Crédit foncier* ou *Crédit agricole*.

Le crédit foncier a un caractère réel : il exige de l'emprunteur un gage immobilier. Le crédit agricole est
surtout personnel : il a pour base fondamentale la confiance qu'inspire la personne du débiteur, sa probité,
son intelligence, son activité, son esprit d'ordre et d'é-
conomie. Sans doute, le créancier peut tenir compte
des objets mobiliers que possède l'emprunteur, mais
ces éléments matériels n'ont à ses yeux qu'une importance secondaire.

Le crédit foncier a pour but de fournir l'argent nécessaire aux dépenses d'acquisition. Il est utilisé pour
les travaux importants : drainages, irrigations, défri-
chements. Le crédit agricole procure les fonds de roulement destinés à subvenir aux dépenses courantes
d'exploitation : achats de bestiaux, de semences, d'instruments agricoles.

Le crédit foncier est distribué par les capitalistes,
les banquiers ou les établissements spéciaux tels que le

Crédit Foncier. Le crédit agricole, comme nous le verrons, est accordé par les associations coopératives entre cultivateurs, se servant du crédit que leur confère l'association pour se faire prêter par des tiers dans des conditions plus avantageuses.

Le crédit foncier est onéreux. Il exige des formalités dispendieuses : rédaction d'un acte, inscription, renouvellement, mainlevée. De plus, le taux de l'intérêt est élevé : il atteint en moyenne 5 0/0. Cette élévation du taux provient de la difficulté qu'éprouve parfois le créancier pour recouvrer son argent. Si, à l'échéance, il n'est pas remboursé, il n'a qu'une ressource : l'expropriation forcée. Celle-ci aboutit à la vente du terrain hypothéqué, vente peu avantageuse, surtout dans les régions où la propriété foncière a baissé de valeur. Au contraire, le crédit agricole distribué par les sociétés coopératives, est à bon marché. Ainsi les caisses rurales françaises prêtent généralement à 3 1/2 0/0.

Le crédit foncier est à la portée des grands propriétaires qui présentent par leur situation ou leur fortune personnelle des sûretés de premier ordre. Le crédit agricole est accessible à tous, même aux cultivateurs qui ne possèdent ni maison, ni champ.

Nous allons nous occuper dans cette étude du *crédit agricole* ; celui-ci concerne surtout les paysans incapables de donner des gages immobiliers aux prêteurs, mais pouvant offrir comme garanties des qualités intellectuelles et morales indiscutables. C'est pour cette classe inté-

ressante d'agriculteurs que se pose le problème du crédit agricole (1).

III

Le crédit est-il nécessaire au cultivateur? Pour se
convaincre de cette nécessité, il suffit de jeter un coup
d'œil sur la situation de notre agriculture.

Sans doute la crise qui a sévi avec tant d'intensité
est atténuée, grâce aux mesures prises par les pouvoirs
publics. Depuis la dénonciation des traités de commerce et l'établissement des tarifs douaniers, les transactions sur les bestiaux et les céréales se font à des
prix plus rémunérateurs. D'autre part, sous l'initiative
de M. Méline, des lois bienfaisantes ont été votées pendant la dernière législature : ainsi la loi de 1897, qui
favorise l'exportation des sucres par le système des
primes, a permis aux habitants de la région du Nord de
continuer la culture lucrative de la betterave. De même
le dégrèvement des alcools dénaturés, le relèvement
des droits d'entrée sur les mélasses étrangères, la con-
cession de primes à la culture du lin et du chanvre, la
répression de la fraude dans le commerce des beurres,
ont été bien accueillis par les populations rurales.

Malgré ces lois protectrices, l'agriculture a besoin de

(1) Rapport de M. Lourties sur les caisses régionales du crédit
agricole mutuel. V. *Documents parlementaires du Sénat*, 10 janvier
1899.

crédit ; l'exploitation intensive du sol exige des capitaux considérables.

Le bon cultivateur achète des engrais chimiques : l'emploi du nitrate de soude dans les terrains calcaires et sablonneux produit des effets merveilleux, et fournit une récolte abondante. Jeté sur un terrain argileux ou riche en humus, le superphosphate de chaux agit vigoureusement ; il donne à la plante une consistance remarquable.

Les engrais ne suffisent pas ; le bon cultivateur se sert des instruments perfectionnés. La dépopulation des campagnes, l'émigration des jeunes gens vers les centres urbains ont raréfié la main-d'œuvre. Depuis 1846, le nombre des ouvriers agricoles a baissé dans des proportions effrayantes (1). Ce manque de bras contraint les cultivateurs à recourir aux étrangers, Belges ou Italiens, suivant les régions. Malgré ces auxiliaires, l'emploi des machines s'impose, machines les plus diverses : semoir mécanique, trieur, moissonneuse, batteuse, etc.

Avec un semoir mécanique, on diminue la quantité de blé jeté en terre pour la récolte future ; on augmente la production par une meilleure disposition des grains formant le semis.

Grâce au trieur, les semences sélectionnées à peu de frais donnent un plus grand rendement.

(1) D'après M. Rayneri, la population rurale a baissé de deux millions et demi (Congrès de Caen, 1896).

En moins d'une journée, la batteuse donne le moyen de mettre en vente la récolte d'un hectare de blé.

Enfin la faucheuse, la moissonneuse suivie par le râteau mécanique, permettent de faire en quelques jours des travaux qui demandaient autrefois des semaines et des mois.

Par ces procédés pratiques, on économise du temps et de l'argent.

Le bon cultivateur doit avoir des étables garnies d'un nombreux bétail choisi pour chaque espèce parmi les meilleures races. La vente de ces animaux à de certaines époques constituera pour lui le plus clair de ses bénéfices. Enfin les fumiers provenant des étables, s'ils sont soignés suivant les données de la science moderne, formeront à leur tour la base des rendements de ses terrains.

Des engrais, des machines, des bestiaux, voilà les principaux éléments qui doivent figurer abondamment dans une ferme modèle. Mais leur acquisition nécessite des capitaux importants. Qui fournira ces capitaux sinon le crédit agricole ?

Le crédit agricole présente des avantages pour une autre catégorie de ruraux : nous voulons parler des ouvriers de ferme, des journaliers, des paysans qui ont pour toute propriété une maisonnette entourée d'un enclos. C'est le patrimoine familial qui, aux États-Unis, a été rendu insaisissable (homestead). Ces paysans font généralement un peu d'élevage ; ils ont une vache, une chèvre, un porc, de la volaille, modeste bétail pour ces pauvres gens d'une importance capitale : le lait, le beurre, les œufs sont portés au marché, et les profits réalisés apportent un peu d'aisance dans l'intérieur du foyer.

Ainsi la femme a une occupation domestique ; elle s'adonne à l'entretien des bestiaux, tout en veillant aux soins du ménage et à l'éducation de ses enfants.

Là encore un petit capital est nécessaire, et qui le fournira si ce n'est le crédit agricole ?

Enfin le crédit agricole est un remède souverain contre cette plaie sociale qu'on appelle l'*usure*. A ce point de vue, la situation de la France n'est pas aussi triste que celle de l'Italie.

« Il y a quelques années l'usure en Italie était effroyable.....

« En Vénétie, en Lombardie, en Romagne, les exemples n'étaient pas rares, de petites sommes prêtées à 120, 150 0/0 dont l'intérêt s'acquittait le plus souvent en nature ou par des prestations de travail, entraînant soit une redevance régulière, soit une espèce de domesticité sans fin pour l'emprunteur (1). »

En France, le tableau est moins sombre. Malgré tout, si l'on va au fond des choses, si l'on examine la réalité dans ses moindres détails, on se rend compte que l'usure n'a pas encore disparu de notre patrie. Sans doute

(1) *La prévoyance sociale en Italie*, par MM. Mabilleau, Rayneri, de Rocquigny (introduction).

elle évite de s'étaler au grand jour ; elle se dissimule avec habileté sous les dehors les plus variés. On se garde bien de prêter une somme d'argent à un taux supérieur au taux légal ; mais on se livre à d'autres opérations aussi malhonnêtes. Parmi ces opérations, il faut signaler la vente à crédit des bestiaux à 40 ou 50 0/0, au-dessus du cours normal.

Un exemple fera saisir la malice du procédé : un paysan a besoin d'une vache pour consommer sa récolte. Ne pouvant acheter au comptant, il s'adresse à un marchand qui lui délivre un animal taré, moyennant un prix débattu, payable dans le délai d'un an. Mais il a soin de prélever un bénéfice exorbitant. Ce cas est assez fréquent, et nous avons vu nous-mêmes des vaches chétives valant 200 francs, vendues pour le prix de 300 francs dans les conditions ci-dessus spécifiées.

L'opération est légale, le consentement est librement donné ; mais il est certain qu'il y a là une véritable exploitation, et au fond un délit d'usure.

De petites sommes d'argent prêtées avec mesure et précaution préviendraient facilement cet abus.

IV

Considérons maintenant le crédit agricole au point de vue économique : n'est-ce pas un moyen de développer la richesse d'une nation ? Aider les cultivateurs à améliorer leurs méthodes et leurs races d'animaux, à augmenter les rendements de leurs récoltes, à se procurer dans de meilleures conditions les matières premières, voilà un procédé pour relever notre agriculture, la première de nos industries, la source la plus féconde de la richesse d'une nation.

« Son capital foncier s'étend à presque toute la France et son capital d'exploitation est d'au moins 9 milliards (1). »

Au point de vue moral, quels services ne rend pas le crédit agricole ?

Le paysan à qui l'on a prêté une somme d'argent et qui doit la restituer à jour fixe, éprouve un sentiment de fierté. Il n'a reçu ni un don, ni une avance gratuite : il a été traité comme un homme honnête, capable, offrant des garanties sérieuses. Le service rendu lui dicte son devoir, qui est de respecter son engagement. Par quels moyens ? Il ne fait que les entrevoir ; mais, à partir de ce jour, sa gestion sera plus intelligente et plus active ; sa probité dans les affaires sera scrupuleuse ; enfin il se mettra en mesure, par une sage économie, de rembourser le montant du prêt avec une exactitude parfaite.

Une caisse rurale italienne nous donne un aperçu des bienfaits engendrés par le crédit agricole.

« On va moins au cabaret, écrit le fondateur ; on travaille mieux et davantage. Les gens honorables sont seuls admis comme associés : on a vu des ivrognes pro-

(1) M. de Rocquigny.

mettre de ne plus mettre le pied au cabaret et tenir parole. On a vu des ignorants de cinquante ans et plus, apprendre à lire pour savoir signer leurs demandes d'emprunts et leurs billets. Tel individu, repoussé parce qu'il est inscrit au bureau de bienfaisance, a fait les démarches nécessaires pour que son nom soit rayé de la liste de secours; et désormais au lieu de vivre d'aumône, il vit de son travail avec l'aide du petit capital que la caisse rurale lui confie. Tel travailleur qui ne pouvait pas se nourrir lui-même, a acheté une vache, et a pu avec le gain du lait et du fromage payer sa dette à la société, et conserver le veau de la bête, résultat qu'il n'aurait jamais obtenu sans ce concours (1). »

Enfin, au point de vue des rapports sociaux, on est frappé des résultats que l'on peut attendre du crédit agricole. Comme les statistiques le font constater, les doctrines séduisantes du socialisme gagnent les campagnes les plus reculées. On préconise l'expropriation des riches domaines, mais on déclare intangible le patrimoine du petit paysan. Une propagande habile, s'appuyant sur les misères de la classe rurale, favorisée par l'absentéisme des grands propriétaires, recrute des adhérents nombreux dans ces milieux paisibles qui semblaient les plus réfractaires aux idées révolutionnaires.

Quelle digue opposer à cette marée montante du so-

---

(1) Fragment de lettre écrite par l'archiprêtre de Loreggia et reproduit dans le rapport de M. Leone Wollemborg, à l'Exposition universelle de Paris, en 1889.

cialisme? Quel remède employer contre cette doctrine subversive, qui prêche la haine des classes, l'antagonisme entre le capital et le travail?

L'une des solutions qui se présentent à l'esprit est le retour des grands propriétaires dans les domaines qu'ils ont abandonnés. De cette manière, ils pourront surveiller la gestion de leurs fermiers, introduire dans leurs exploitations les modifications désirables, et en même temps se rendre compte des besoins des populations rurales. Par cette attitude, ils s'attacheront leurs subordonnés; ils reconquerront l'influence matérielle et morale qu'ils exerçaient jadis, et qu'ils ont perdue pour avoir préféré le séjour agréable de la cité (1).

Que ces hommes se mettent donc à l'œuvre! Qu'ils se fassent les éducateurs des paysans! Qu'ils tâchent de répandre l'œuvre bienfaisante du *Crédit agricole*! Ils trouveront là un puissant élément d'amélioration sociale. Le paysan à qui l'on a procuré un peu de bien-être est satisfait de son sort. Toutes ses pensées sont concentrées sur le petit patrimoine qu'il a acquis à la sueur de son front, et qu'il voudrait voir s'étendre et s'agrandir. Il dédaigne les orateurs démagogiques qui prêchent l'expropriation générale, la confiscation universelle, la mise en commun de tous les moyens de production.

(1) Au Congrès du Crédit populaire de Menton, M. Leone Wollemborg, délégué du royaume d'Italie, a insisté en termes fort justes sur l'absentéisme des grands propriétaires fonciers, et il a fait ressortir les conséquences funestes de ce phénomène au point de vue social.

Le crédit agricole, en même temps qu'il rapproche les grands propriétaires des petits cultivateurs, contribue à l'union de tous les travailleurs ruraux.

On a prétendu que les paysans sont rebelles à toute idée d'association, qu'ils sont jaloux de leur indépendance et de leur individualisme, qu'ils craignent avant tout d'unir leurs intérêts à ceux de leurs voisins, qu'ils ont une tendance à prendre pour règle de vie la maxime suivante : chacun pour soi.

Eh bien ! le crédit agricole est un remède efficace pour guérir cet égoïsme et pour éveiller dans les cœurs le sentiment de la fraternité ! Il met en pratique la noble devise : Aimez-vous les uns les autres.

Que se passe-t-il, en effet, dans une institution de crédit agricole, dans une caisse rurale, par exemple ? Des hommes de bonne volonté recherchent les moyens d'acquérir par leur travail une modeste aisance, abandonnés à leurs seules forces, ils ne peuvent tenter aucune entreprise ; ils sont incapables de recueillir des capitaux. Pour améliorer leur situation, ils forment une association mutuelle et solidaire ; ils se portent garants les uns des autres.

Dès lors tous ceux qui ont de l'argent disponible viennent le déposer au siège de l'association et celle-ci ne tarde pas à se développer.

Mais la solidarité n'a pas seulement attiré les capitaux. Elle a resserré les liens qui doivent unir les habitants d'une même localité. Tous s'intéressent à la prospérité de la caisse et de ses membres. Si un sociétaire réalise de beaux bénéfices, tout le monde en est satisfait ; si un accident se produit, on vient en aide au sinistré. N'a-t-on pas vu, dans certaines caisses agricoles, des cultivateurs entreprendre une collecte pour un camarade gêné ?

Cet exemple justifie le mot du R. P. Ludovic de Besse : « Les associations de crédit populaire sont des institutions de paix sociale (1) ».

V

Dans la réalité, le cultivateur trouve-t-il facilement ce crédit qui offre pour lui de si précieux avantages ? Des efforts louables ont été tentés dans ce sens ; ils ont quelquefois réussi. Toutefois il faut avouer que des obstacles nombreux se sont opposés à la diffusion du crédit rural.

Les causes principales de cette situation sont :

(1) Discours prononcé par le R. P. Ludovic de Besse au Congrès de Bordeaux, organisé par le Centre fédératif. Le Centre fédératif est un comité de propagande qui a pour but de développer et de répandre les institutions locales de crédit populaire, urbain et agricole. Il est présidé par M. Eugène Rostand, membre de l'Académie des sciences morales et politiques. Parmi les autres membres, il faut citer MM. Charles Rayneri, le comte de Rocquigny, le R. P. Ludovic de Besse, Maurice Dufourmantelle. Le Centre fédératif a organisé depuis 1889 des congrès annuels qui se sont tenus successivement à Marseille, Menton, Bourges, Lyon, Toulouse, Bordeaux, Nîmes, Caen, Lille, Angoulême. Ces assemblées, qu'on a appelées les « assises de la coopération », ont pour but de propager l'idée de la coopération sous ses formes les plus variées.

L'organe du Centre fédératif est le *Bulletin du crédit populaire*.

1° Le défaut d'initiative privée.

Nous autres, Français, nous n'osons pas entreprendre les innovations ; nous craignons les réformes même les plus légitimes, et nous sommes devancés par les autres nations plus progressistes. C'est ainsi qu'en Allemagne l'assurance obligatoire est établie depuis longtemps ; chez nous la loi sur les accidents du travail est toute récente.

De même le système des primes à l'exportation pour les sucres ; il fonctionnait en Autriche et en Allemagne bien avant que la loi de 1897 ne fût mise en discussion. Ces deux exemples montrent notre prudence, mais n'est-elle pas excessive ? Sans doute adopter une réforme grave sans examen serait une folie ; ce n'est pas une raison suffisante pour rester dans le *statu quo*, pour refuser les modifications avantageuses qui s'imposent dans une société bien policée.

2° L'effroi des Français pour toute opération financière.

Les catastrophes survenues depuis quelques années, particulièrement celle du canal de Panama qui a enlevé 1.300 millions à l'épargne française, ont produit une pénible impression sur l'opinion publique. On redoute les placements affectés aux entreprises les plus solides. On préfère les fonds d'État, les obligations de nos grandes Compagnies de chemins de fer. Au contraire, les institutions de crédit offrant les meilleures garanties manquent souvent de capitaux.

3° Le mauvais emploi des fonds d'épargne.

Les économies réalisées dans les campagnes, au lieu de fructifier dans les milieux mêmes qui les ont produites, émigrent à la ville pour être placées dans les caisses d'épargne. Là elles aboutissent à la Caisse des dépôts et consignations, où elles se convertissent en rentes sur l'État.

Ce système est contraire à toutes les lois économiques : « L'épargne, qui est un excédent de production, doit revenir à la production pour la surexciter et l'étendre (1) ».

Si une partie des capitaux épargnés était affectée à l'œuvre du crédit agricole, il y aurait là un puissant élément de prospérité. En Italie, des expériences de ce genre ont été pratiquées et elles ont réussi. Ainsi la caisse d'épargne de Parme distribue elle-même le crédit rural pour les opérations les plus importantes, soit par les escomptes, soit surtout par les prêts sous forme de billets à ordre (2).

VI

Ici se pose une question intéressante : est-ce que les banques urbaines ne pourraient pas prêter aux cultivateurs comme aux commerçants ? Nous ne le pensons pas. Pour obtenir du crédit, il faut être connu du prê-

(1) Léopold Mabilleau, *La prévoyance sociale en Italie*.
(2) Eugène Rostand (Congrès de Caen).

teur. Or un agriculteur, même présentant les meilleures références, est ignoré de la grande banque de la ville
voisine. Celle-ci, il est vrai, pourrait prendre des infor-
mations et charger un employé de faire une enquête
sur l'emprunteur. En pratique ce système serait peu
efficace. Les paysans retors et malins, d'ailleurs désin-
téressés dans la question, fourniraient des indications
excellentes, mais de pure complaisance. En outre le
déplacement de l'employé occasionnerait à la banque
des frais élevés et même exorbitants, étant donné le
chiffre peu important de chaque emprunt.

Un second motif empêche la banque urbaine de faire
du crédit agricole : c'est l'époque du remboursement,
qui est éloignée. En effet, l'agriculteur emploie dans
son exploitation les sommes qu'il a empruntées ; elles
ne se transforment en numéraire qu'après un temps
relativement long.

S'agit-il de semences, d'engrais, il faut que l'époque
de la moisson soit arrivée, que le grain soit séparé des
gerbes, qu'un acheteur se soit présenté, et ces opérations demandent un délai d'au moins dix mois.

S'agit-il de bestiaux de race bovine ou porcine, on
doit attendre le jour de la gestation, si l'on veut obtenir des produits, ou l'époque du développement normal,
si l'on destine les sujets à la boucherie, soit un délai
d'environ neuf mois.

S'agit-il d'animaux de travail ou d'instruments aratoires, le bénéfice résultant de l'acquisition ne sera
réalisé qu'après plusieurs années.

Dans tous les cas, l'époque de l'échéance est reculée au delà des limites admises par les banques urbaines. Celles-ci, en effet, opèrent en partie avec des dépôts remboursables à vue, qui peuvent être retirés à tout instant, sur une simple déclaration du déposant. Aussi n'escomptent-elles que les effets à courte échéance, à 90 jours au maximum.

De plus, les capitaux de dépôt doivent être affectés à des emplois permettant une réalisation rapide ; la vente est facile pour les produits commerciaux et industriels ; mais elle est plus difficile pour les produits agricoles.

Au Congrès de Caen, cette question a fait l'objet d'un rapport remarquable de M. Edmond Villey, qui a fait ressortir les différences fondamentales, au point de vue du crédit, entre le commerce et l'agriculture :

« Pourquoi le crédit qui se donne couramment au commerçant et à l'industriel ne serait-il pas obtenu par l'agriculture dans les mêmes conditions ? On a proposé dans ce but de commercialiser les engagements de l'agriculteur. S'il veut jouir des facilités du crédit commercial, il doit se plier, a-t-on dit, aux mœurs du commerce ; il doit se soumettre aux formes, à la procédure, à la juridiction, à l'énergique sanction des engagements commerciaux. L'industrie agricole n'est-elle pas une industrie comme les autres ? Pourquoi cette différence entre le cultivateur d'une part et le commerçant d'autre part, que fait notre législation et que ne font pas les législations anglaise, allemande, italienne, américaine ?

« Je crois, répond le rapporteur, que cette différence ne se justifie pas très bien, qu'il y a une réforme à tenter, par degrés, en ménageant soigneusement les transitions. Mais je pense aussi que l'on se trompe, si l'on espère que de cette réforme sortira de suite le crédit, ou même qu'il doive sortir jamais de cette seule réforme.

« Espère-t-on d'abord qu'il suffise de commercialiser les engagements du cultivateur, pour lui inculquer le souci des échéances, et la ponctualité à remplir ces engagements? C'est bien le cas de redire avec le poète : *Quid leges sine moribus ?*

« Soyez assurés que le cultivateur ne s'exposera pas à la faillite, voire même à la liquidation judiciaire et qu'il se gardera comme du feu du papier qui pourrait le conduire là.

« Il y a d'ailleurs une autre raison, celle-là prise dans la nature des choses, pour que le cultivateur, fût-il plié aux mœurs commerciales, ne puisse pas trouver le crédit individuel que trouve facilement le négociant. Dans le commerce, les opérations de crédit se font à court terme, parce qu'elles correspondent à des opérations de production continue ou de circulation, qui n'exigent que des délais très limités. De plus ces dernières opérations sont généralement sûres; s'il y a quelque mécompte dans la vente des produits, le warrantage permet de liquider rapidement l'opération de crédit. Le cultivateur, lui, est obligé d'attendre une production réglée par la nature et toujours assez longue ; il est, de plus, soumis à des chances multiples, absolument indépendantes de sa bonne volonté, de son honorabilité, qui peuvent à tout moment anéantir, avec sa récolte, le gage de ses créanciers (1). »

A ces considérations, on pourrait opposer l'exemple des banques écossaises qui ont rendu de grands services aux populations rurales de la Grande-Bretagne.

Mais, comme nous le préciserons ailleurs, le « Cash-Crédit » des Banques d'Ecosse n'est pas le crédit agricole proprement dit. Les avances atteignent un chiffre élevé, généralement 200 £. Elles ne sont pas en harmonie avec les besoins des petits cultivateurs.

La clientèle de ces établissements se recrute chez les agriculteurs et fermiers, présentant par leur fortune de solides garanties.

En somme, les banques écossaises, de même que les sociétés coopératives, distribuent un crédit personnel, destiné à subvenir aux dépenses d'exploitation, mais elles ne s'adressent pas aux cultivateurs modestes, n'ayant qu'une fortune médiocre. Elles ne résolvent pas le problème du crédit agricole.

(1) M. Edmond Villey. Voir le *Congrès de Caen*, 1896. Guillaumin, Paris. V. sur la même question le discours prononcé par M. Méline à la Chambre des députés dans la séance du 17 juin 1897.

VII

En face de ces difficultés, faut-il se décourager et renoncer à l'organisation du crédit agricole ? Ce serait une faute impardonnable. Les expériences tentées depuis quelques années sont favorables ; elles permettent d'affirmer que le crédit agricole est susceptible de s'acclimater sur le sol français et d'y produire des fruits merveilleux. Les sociétés fondées sur le modèle de la loi du 5 novembre 1894, les caisses rurales constituées d'après le type Raiffeisen ont obtenu des résultats satisfaisants.

Pour créer ces établissements, on a dû surmonter des obstacles, vaincre des résistances, écarter des préjugés.

« Combattre pour le crédit populaire, c'est entreprendre un beau combat, mais qui n'est pas toujours sans déceptions amères et sans cruels déboires (1). »

Les hommes de bonne volonté qui ont pris l'initiative du mouvement n'ont pas reculé devant cette tâche, et la cause du crédit rural commence à triompher. Grâce aux efforts persévérants de MM. Rostand, Rayneri, Louis Durand et de tant d'autres dont le dévouement et le mérite sont au-dessus de tout éloge, grâce au rôle considérable joué en France, au point de vue de la propagation

____

(1) Leone Wollemborg.

de l'idée coopérative, par les congrès du crédit populaire, des sociétés de crédit agricole ont été créées et encouragées sur plusieurs points de notre territoire, et la plupart sont maintenant en pleine prospérité.

CHAPITRE II

LA QUESTION DU CRÉDIT AGRICOLE AU PARLEMENT
FRANÇAIS.

C'est en 1840 que l'on s'occupe pour la première fois
de crédit agricole ; le Conseil général de l'agriculture,
des manufactures et du commerce met à son ordre du
jour la recherche d'un remède propre à guérir les souffrances du cultivateur, et il agite le problème du crédit
agricole.

En 1845, un Congrès se réunit ; il est composé de
grands propriétaires, d'économistes et de jurisconsultes. Le procureur général Dupin prononce les paroles
célèbres :

« On nous propose, Messieurs, des institutions de
crédit qu'on appelle *Crédit Foncier* et *Crédit Agricole* ;
employons simplement le mot *Crédit*. »

M. Léon Say a développé cette pensée sous une autre
forme :

« Le crédit agricole n'existe que quand il est le
crédit tout court et sans épithète. »

Le Congrès de 1845 se livra à de nombreuses discussions, mais n'aboutit à aucun résultat pratique.

La Révolution de 1848 éclate ; elle voit éclore toute

une série de projets fantastiques, basés sur le concours de l'État, qui doit garantir les prêts faits aux agriculteurs, et au besoin les délivrer lui-même.

M. David de Cholet imagine une banque territoriale et agricole qui, avec l'intervention de l'État, doit émettre des billets ayant cours forcé.

M. Mathieu de la Drôme propose l'émission de 400 millions de billets de la République ayant cours forcé !

Comme on le pense, ces projets chimériques n'ont jamais reçu d'exécution.

SECTION I

Loi du 28 juillet 1860.

En 1854, sous le second empire, une commission spéciale présidée par M. Josseau est instituée dans le but d'organiser le crédit agricole. Elle reçoit une foule de propositions qu'elle rejette pour la plupart, sauf celle de M. de Germiny, qui conclut à la création d'une banque de crédit agricole, autonome, formant pour ainsi dire une annexe du crédit foncier.

La conséquence de ce vœu est la loi du 28 juillet 1860, qui fonde la « *Société du crédit agricole* ». Son objet est de prêter des capitaux à l'agriculture et aux industries qui s'y rattachent, en faisant l'escompte du papier agricole. Cette société a un capital de 20 millions.

La Banque se lance bientôt dans les spéculations ; elle prête une partie de ses fonds au gouvernement égyptien, éprouve de ce fait des pertes nombreuses et ferme ses guichets.

Il convient de faire une remarque essentielle : la banque de 1860 n'avait souffert aucun préjudice de la part des agriculteurs. C'est le témoignage de M. Christophle, gouverneur du Crédit Foncier, lequel va plus loin, et soutient que l'établissement aurait pu vivre, s'il s'était renfermé dans la lettre et l'esprit de ses statuts.

Une seule cause peut expliquer la déviation de la Banque de 1860 : cette institution située à Paris, était placée trop loin des cultivateurs. Un grand nombre ignoraient l'existence de la Banque ; aussi les effets agricoles présentés à l'escompte étaient rares. Cette pénurie d'affaires entraîna la Banque dans des opérations étrangères à ses attributions.

Loi du 24 juillet 1867 (titre III).

Après la loi de 1860, il faut citer la loi du 24 juillet 1867 sur les sociétés. Cette disposition n'a pas produit de résultats immédiats en faveur du crédit agricole ; mais son utilité, à ce point de vue, est apparue lors de la fondation en France des caisses rurales imitées du type Raiffeisen.

I. Les Caisses Raiffeisen, qui ont remporté tant de succès en Allemagne, se sont acclimatées chez nous depuis 1893, et, pour se conformer à la légalité, elles ont dû adopter les prescriptions de la loi de 1867. Elles sont, en effet, de véritables sociétés en nom collectif à capital variable.

En nom collectif : les sociétaires sont solidairement responsables sur tous leurs biens des dettes de la société.

A capital variable : des nouveaux membres peuvent entrer, et des anciens sortir, sans qu'on soit obligé de faire un nouvel acte.

La législation des Caisses rurales françaises nous intéresse vivement : ces institutions rendent à l'agriculture des services précieux, qui sont reconnus par tous les hommes compétents. M. Méline leur rend cet hommage dans une séance à la Chambre des députés :

« Ces petites banques mutuelles, dit-il, sont d'une
nature toute particulière. Ce sont des banques qui n'ont
pas de capital du tout, ce qui prouve très bien qu'on
peut faire du crédit sans capital. La garantie qu'elles
offrent repose sur la solidarité des membres qui les
composent. Ce sont des banques de famille. Elles
n'existent que dans les petites communes.

« Le mouvement d'où ces banques sont sorties est
parti du Sud-Ouest ; il remonte seulement à quelques
années et il a été fécond. Il résulte du recensement que
j'ai fait faire qu'à l'heure actuelle on compte près de
500 de ces petites banques. Elles ne font pas de grosses
affaires, on le comprend aisément. Cependant le chiffre
de ces affaires n'est pas indifférent. Comme elles pu-
blient un *Bulletin mensuel* qui rend compte de leurs
opérations, je puis apprendre à M. Jaurès qui en sera
très satisfait que, d'après une récente statistique, pour
317 de ces caisses qui comprennent 8.648 membres,
le mouvement de fonds a été de 2.322.000 francs, et
que les prêts en cours ont dépassé 920.000 francs, soit
environ 2.900 francs par caisse.

« Ce n'est pas beaucoup, mais c'est fort beau pour de
petites associations qui n'ont pas de capital et qui n'offrent au capital que la garantie de leur intelligence (1). »

II. La loi du 24 juillet 1867 renferme un titre qui
mérite notre attention spéciale : c'est le titre III ; il in-

____

(1) Séance de la Chambre des députés (17 juin 1897).

dique « les dispositions particulières aux sociétés *à capital variable* (1) » ; or les caisses rurales sont des « sociétés en nom collectif *à capital variable* ».

« Cette nouvelle modalité des sociétés, dit M. Boistel, a été créée en vue d'offrir plus de facilités aux sociétés *coopératives*. »

Le mot « coopérative » est assez vague ; l'une des meilleures définitions est celle développée par M. Louis Durand au Congrès des banques populaires de Toulouse : « Est coopérative la société qui a pour but de rendre à ses membres les services économiques que, sans elle, ils seraient obligés de demander à un commerçant qui prélèverait des bénéfices sur eux. La caractéristique de la coopération, c'est l'écartement des intermédiaires au profit des associés (2). »

Cette dernière idée se trouve, en effet, à la base de toutes les sociétés coopératives : de production, de consommation, de crédit.

La caisse rurale tend, elle aussi, à la suppression des intermédiaires : elle distribue à ses membres le crédit à bon marché. Elle leur permet ainsi d'échapper aux conditions des banquiers et des usuriers. En un mot, la caisse rurale est une véritable société coopérative de crédit.

---

(1) Ces mots forment la rubrique du titre III de la-dite loi.
(2) *Congrès des banques populaires de Toulouse*, rapport de M. Louis Durand.

III. C'est l'article 48 qui ouvre le titre III de la loi de
1867 ; il est ainsi conçu :

« ART. 48. — Il peut être stipulé, dans les statuts de toute
société, que le capital social sera susceptible d'augmentation par
des versements successifs faits par les associés ou l'admission d'associés nouveaux ; et de diminution par la reprise totale ou partielle
des apports effectués. Les sociétés dont les statuts contiendront la
stipulation ci-dessus seront soumises, indépendamment des règles
générales qui leur sont propres, suivant leur forme spéciale, aux
dispositions des articles suivants. »

Cet article est la disposition fondamentale du titre III.

Il indique en quoi consiste la variabilité du capital.

Il offre une grande importance pour les caisses rurales qui sont des sociétés en nom collectif à capital
variable. Suivant le droit commun des sociétés en nom
collectif, il faudrait, à chaque changement survenu dans
le personnel, à chaque entrée ou sortie d'un sociétaire,
dresser un nouvel acte de société. Cet acte devrait être
rendu public dans les formes prescrites par les articles 55 et suivants de la loi de 1867. De là toute une
série de formalités dispendieuses.

Comme les caisses rurales ont adopté la variabilité
du capital, spécifiée par l'article 48 du titre III, elles
échappent aux prescriptions de droit commun et leur
fonctionnement est plus facile.

L'article 48 a soulevé une grave controverse : la variabilité du capital s'applique-t-elle à toutes les sociétés :
en nom collectif, en commandite, anonymes, ou seulement aux sociétés par actions? Cette question présente

ici *un vif intérêt* : si les sociétés par actions pouvaient seules adopter la variabilité du capital, une caisse rurale constituée d'après le type Raiffeisen, en d'autres termes une société en nom collectif à capital variable, ne saurait être légale en France.

Au contraire, une société imitée du type Schulze-Delitzsch, où les associés souscrivent une ou plusieurs actions, actions qui ne peuvent être d'une valeur nominale moindre de 50 francs, et dont le dixième au moins doit être versé (1), une société de ce genre pourrait adopter la variabilité du capital ; elle serait conforme à la loi.

Les deux solutions ont leurs partisans.

Le titre III, d'après les uns, ne concerne que les sociétés par actions :

1° Dans la discussion au Corps législatif, M. Jules Simon s'exprimait ainsi : « Le titre III ne réglementera que celles des Sociétés qui acceptent la division de leur capital en actions. Il laisse en dehors les autres sociétés à capital variable ; c'est-à-dire « qu'il laisse subsister à leur égard les dispositions actuelles de nos Codes » (2).

2° Si l'on considère attentivement le texte de la loi de 1867, on voit que les deux premiers titres réglemen-

---

(1) La plupart des sociétés coopératives de crédit qui se sont fondées en France antérieurement à 1893 ont adopté ces dispositions. Ce sont des sociétés *anonymes* à capital variable (Louis Durand, *Le crédit agricole en France et à l'étranger*).

(2) *Moniteur* du 8 juin 1867.

tent les sociétés par actions ; le titre troisième doit logiquement s'appliquer aux sociétés par actions.

Voici la réponse des partisans de la seconde opinion :

1° Dans la discussion, beaucoup de choses ont été dites qui n'ont pas été sanctionnées en définitive ; et même dans cette discussion, on découvre des témoignages qui confirment que la variabilité du capital peut s'adapter à toutes les sociétés. Ainsi M. de Forcade la Roquette a prononcé les paroles suivantes : « Il est évident que si l'on veut constituer une société coopérative qui ait la forme d'une société en nom collectif, il n'y a aucune difficulté à aucun point de vue. On peut commencer une société sans capital ou avec un capital insignifiant ; c'est alors une société de personnes et de personnes engagées indéfiniment (1). »

2° La loi, il est vrai, ne parle que des sociétés par actions dans les deux premiers titres ; mais le titre IV, qui concerne la publicité des sociétés, s'applique à toutes les sociétés commerciales indistinctement.

3° Le texte de l'article 48 mérite d'être consulté : « Il peut être stipulé dans les statuts de *toute société* que le capital social sera susceptible d'augmentation. . . »

Ces mots *toute société* sont importants ; ils révèlent l'esprit général de la disposition (2) ; celle-ci s'occupe des sociétés en nom collectif, comme des sociétés par actions.

(1) *Moniteur* du 9 juin 1867.
(2) A. Boistel, *Cours de droit commercial.*

4° Enfin un dernier argument peut être invoqué : les articles 53 et 54 du titre III n'ont d'utilité que si on les applique aux sociétés en nom collectif.

« ART. 53. — La société, quelle que soit sa forme, sera valablement représentée en justice par ses administrateurs. »

Cette disposition est sans intérêt pour les sociétés anonymes. La Banque de France, les Compagnies de chemins de fer plaident à chaque instant par leurs administrateurs sans que les actionnaires soient mis individuellement en cause. Pour les sociétés anonymes, c'est là le droit commun.

Le texte de l'article 53 ne peut viser que les sociétés en nom collectif qui, en principe, doivent ester en la personne de tous les associés (1).

L'article 54 a la même portée.

« ART. 54. — La société ne sera pas dissoute par la mort, la retraite, la faillite ou la déconfiture de l'un des associés : elle continuera de plein droit entre les autres. »

Cette disposition est encore inutile pour les sociétés anonymes. Tous les jours des actionnaires de ces sociétés meurent ou sont mis en faillite sans que la société soit dissoute. Ce n'est que dans la société en nom collectif que la mort d'un adhérent peut entraîner la dissolution de la société (2).

---

(1) Rapport de Louis Durand, *Congrès des Banques populaires de Toulouse*, 1893.

(2) *Id.* Louis Durand.

Il résulte de l'exposé de cette controverse que la seconde opinion est la mieux fondée ; elle admet avec juste raison que toutes les sociétés peuvent adopter la variabilité du capital et du personnel ; et voici l'une des conséquences de cette doctrine :

Les caisses rurales, sociétés en nom collectif à capital variable, sont des institutions légales.

Elles sont soumises aux dispositions du titre III de la loi du 24 juillet 1867 (1).

(1) Dans l'examen du titre III, nous n'avons pas mentionné les articles 49, 50, 51 ; en effet, ils se rapportent aux sociétés par actions (A. Boistel) ; ils ne concernent pas les caisses rurales qui sont des sociétés en nom collectif.

Quant à l'article 52, il n'exige aucun commentaire particulier.

SECTION III

Loi du 19 février 1889.

§ I.

I. L'Exposition universelle de 1878 remit à l'ordre du jour la question du crédit agricole. La Société des Agriculteurs de France prit l'initiative d'un Congrès international. On y démontra que, dans l'état actuel de nos Codes, l'agriculture était hors la loi, et que ce serait un acte de simple justice de lui faire une situation conforme au principe d'égalité.

A la suite de ce congrès, M. de Mahy, ministre de l'agriculture, déposa un projet de loi sur le bureau du Sénat (1) (20 juillet 1882).

Il comprenait trois parties :

La première comprenait le cheptel ;

La deuxième le gage sans déplacement ;

La troisième, la commercialisation des engagements agricoles, et la restriction du privilège du bailleur.

La commission sénatoriale supprima le premier titre et modifia les deux autres ; mais le contre-projet rédigé par M. Labiche ne trouva pas grâce devant la Haute Assemblée : il fut rejeté.

Ce projet, présenté par M. de Mahy, renfermait des dispositions ingénieuses : c'est ainsi qu'il admettait le gage sans déplacement ; ce système a été consacré par

(1) *Documents parlementaires du Sénat*, 20 juillet 1882.

une loi récente que nous étudierons plus loin. Elle est intitulée : Loi sur les warrants agricoles.

II. Malgré l'échec du projet de 1882, les partisans du crédit agricole ne se découragèrent pas. En 1885, la Société nationale d'agriculture appelait l'attention des pouvoirs publics sur ce sujet ; elle demandait que le crédit rural fût organisé ; que tout cultivateur, ayant donné à ses engagements la forme de billets à ordre, fût de plein droit justiciable de la juridiction commerciale, sans qu'il dût être soumis, en raison de ces engagements, aux dispositions du titre III du Code de commerce.

En réponse à cet appel, une commission spéciale fut nommée par le Sénat ; elle revint sur l'ancien projet qui avait échoué devant cette assemblée, éliminant toutefois la question du gage sans déplacement. Elle laissa subsister la dernière partie du projet de M. de Mahy : la commercialisation du billet à ordre et la restriction du privilège du bailleur.

La discussion s'engagea au Sénat le 31 janvier 1888 et se termina le 6 mars suivant. Le principe de la commercialisation était encore repoussé ; un seul point était accordé : la restriction du privilège du bailleur d'un fonds rural. Cette réforme est devenue plus tard *la loi du* 19 *février* 1889.

III. La commercialisation du billet à ordre aurait-elle rendu des services aux agriculteurs ?

Nous ne le croyons pas, répondent certains économistes ; si le signataire d'un billet à ordre est nécessairement commerçant, le cultivateur qui aura souscrit un billet de cette nature sera soumis aux règles du Code de commerce. En cas de non-paiement, il devra subir les rigueurs de la procédure commerciale ; il sera exposé à la faillite.

Au contraire, suivant d'autres auteurs, cette réforme serait avantageuse pour l'agriculture. Actuellement, le porteur d'un billet « non commercial » est obligé, en cas de non-paiement à l'échéance, de s'adresser aux tribunaux civils ; il doit suivre une procédure lente et coûteuse pour arriver à une exécution judiciaire. Si ce porteur pouvait s'adresser à la juridiction commerciale, il aurait à sa disposition une procédure plus rapide et plus économique.

De là cette conséquence : si un agriculteur voulait souscrire un billet à ordre à son fournisseur, celui-ci n'hésiterait pas à l'accepter et à lui donner crédit, parce qu'il aurait la ressource de s'adresser au tribunal de commerce.

Mais le signataire ne serait pas nécessairement soumis aux règles de la faillite ; pour être assujetti à ces règles, il faut faire du commerce sa profession habituelle ; et par le fait qu'un cultivateur a souscrit un billet à ordre, on ne peut dire « qu'il exerce des actes de commerce et qu'il en fait sa profession habituelle » (art. 1 du Code de commerce) (1).

(1) Louis Durand, *Le crédit agricole en France et à l'étranger.*

§ II.

I. La restriction du privilège du bailleur n'a pas présenté les mêmes difficultés que la commercialisation du
billet à ordre. Elle a été adoptée par le Parlement dans
les termes suivants :

« Le privilège accordé au bailleur d'un fonds rural par l'article 2102 du Code civil ne peut être exercé, même quand le bail a
acquis date certaine, que pour les fermages des deux dernières
années échues, de l'année courante, et d'une année à partir de
l'expiration de l'année courante, ainsi que pour tout ce qui concerne l'exécution du bail, et pour les dommages et intérêts qui
pourront lui être alloués par les tribunaux » (article 1ᵉʳ de la loi
du 19 février 1889).

II. Cette disposition peut-elle développer le crédit
agricole ? Nous sommes de cet avis :

Le fermier, en effet, trouve un crédit d'autant plus
étendu, qu'il est moins lourdement grevé par le privilège du propriétaire.

Le Code civil avait accordé à celui-ci un droit exorbitant. Son privilège affectait tous les loyers échus et à
échoir. En cas de déconfiture du fermier, le propriétaire se faisait payer par anticipation un nombre quelquefois considérable d'années à échoir (1). Il absorbait
ainsi le plus clair de l'actif, au préjudice des autres
créanciers.

Ce système était contraire au locataire lui-même : il

____

(1) Baudry-Lacantinerie, *Précis de droit civil*, t. III.

demandait de nombreux délais pour solder son loyer. Le bailleur, comptant sur la force de son privilège, ne refusait aucune facilité. Les arriérés s'accumulaient et le fermier perdait la bonne habitude de payer régulièrement sa redevance.

III. D'autre part, la loi de 1889 a soulevé de justes critiques :

Elle est de nature à décourager les longs baux qui sont une des conditions les plus favorables aux améliorations agricoles. D'après le nouveau texte, en effet, les créances du propriétaire sont complètement garanties dans un bail de trois années. Elles le sont beaucoup moins dans un bail de 18 années. Le propriétaire sera donc porté à préférer les baux de courte durée.

De plus la restriction du privilège dans les termes de la loi de 1889 ne laisse pas au fermier la disponibilité de sûretés suffisantes pour qu'il puisse jouir d'un crédit sérieux ; son mobilier aura toujours à répondre de quatre années de fermage.

Enfin le privilège garantit toutes les indemnités qui peuvent être dues par le fermier au propriétaire pour mauvaise culture, et c'est là une créance tout à fait indéterminée (1).

(1) Ces critiques sont empruntées au rapport de M. Edmond Villey sur les natures et les conditions essentielles du crédit agricole. V. *Congrès de Caen*, 1896.

SECTION IV

Projet de loi du 12 juillet 1892.

I. Un projet de loi important, relatif au crédit agricole, fut déposé à la Chambre des députés le 12 juillet 1892. Il était signé de M. Develle, ministre de l'agriculture et de M. Rouvier, ministre des finances. Il tendait à créer une société centrale de Crédit agricole et populaire.

Voici les termes de ce projet :

« ART. 1er. — En vue de favoriser la création d'une société de crédit agricole et populaire, le ministre de l'agriculture est autorisé à passer, au nom de l'État, une convention stipulant, en faveur de ladite société, une garantie d'intérêt dont le maximum ne pourra excéder deux millions de francs par an, et qui prendra fin au plus tard le 31 décembre 1920. Cette convention devra être soumise à l'approbation des Chambres.

« ART. 2. — Les opérations de la société, prévues par l'article précédent, consisteront exclusivement à escompter les lettres de change et autres effets qui seront présentés par les associations agricoles et ouvrières régulièrement constituées.

« ART. 3. — Les conventions à passer avec les sociétés de crédit agricole et populaire seront enregistrées au droit fixe de 3 francs. »

Le projet fut voté par la Chambre des députés dans la séance du 1er mai 1893.

II. Comment faut-il apprécier ce système de crédit qui s'appuie sur une banque centrale, ou plutôt sur une banque d'État ? D'après le projet, en effet, l'État doit distribuer une subvention annuelle de deux millions à une société financière qui se constituerait en vue du crédit agricole. Eh bien, l'application de ce système serait désastreuse au point de vue général du développement de la richesse ; elle découragerait les initiatives, elle affaiblirait les efforts individuels.

L'État au moins remplirait-il utilement le rôle de banquier ? Non.

La politique, en effet, serait fatalement alliée à la distribution du crédit. « Or la politique est ce qu'il y a de pire au monde pour fonder des institutions de prévoyance (1). »

Un autre motif s'oppose à l'intervention de l'État : celui-ci ne pourrait remplir les conditions indispensables pour réussir en matière de crédit.

Ces conditions sont au nombre de deux : il faut avoir des renseignements précis sur l'emprunteur ; il faut contrôler l'emploi de l'argent avancé.

Or l'État ne peut se livrer ni à ces investigations, ni à ce contrôle. S'il essayait de s'adonner à cette entreprise, au prix de quelles formalités, à quel taux élevé, ne devrait-il pas distribuer le crédit ?

La Société des agriculteurs de France s'est rendu compte de ces inconvénients d'une banque centrale subventionnée par l'État, et dans sa session de 1894, elle

____

(1) Paroles prononcées par M. Luzzatti dans un entretien célèbre avec M. Rouher, ministre de Napoléon III.

s'est prononcée contre le projet Develle-Rouvier, à l'unanimité de ses membres présents.

Le crédit agricole, pour réussir, doit être local ; en d'autres termes, il doit être constitué au moyen d'organismes spéciaux, placés près des cultivateurs, administrés par des hommes qui puissent apprécier le degré de solvabilité des emprunteurs.

De cette manière seulement, les prêts sont délivrés en connaissance de cause.

Le crédit agricole ainsi organisé « par en bas », peut admettre la combinaison d'une banque centrale.

Pour justifier cette assertion, il suffit de supposer que des caisses rurales se sont fondées dans une région ; les unes manquent de fonds, les autres en sont encombrées. L'avantage d'un établissement central se fait alors sentir. Celui-ci sert d'intermédiaire entre les diverses caisses ; il permet aux unes d'employer les excédents des autres. Il forme un véritable réservoir où les caisses prospères déversent leur trop plein, où les caisses pauvres puisent à bon compte.

Mais cet établissement central ne précède pas la formation des institutions locales de crédit.

Il est une conséquence normale du fonctionnement de ces institutions.

Ainsi conçue, une banque centrale est digne d'approbation ; en Allemagne, des sociétés de ce genre opèrent avec succès dans les conditions que nous venons d'énumérer.

En résumé, une banque centrale de crédit populaire, urbain ou agricole, ne doit pas précéder l'établissement des sociétés coopératives de crédit ; elle doit être la suite de leur développement (1).

(1) Vœu du 5e Congrès des banques populaires. Toulouse (1893). Voir sur le même sujet un vœu du Congrès de Lille (1897).

Loi du 5 novembre 1894.

La loi du 5 novembre 1894 offre un intérêt particulier : elle a fait l'objet des études les plus sérieuses et les plus attentives ; elle a été élaborée par les défenseurs de l'agriculture, les plus autorisés parmi nos représentants : MM. Méline, Viger. Graux, le comte de Juigné, Louis Passy ; elle devait, dans la pensée de ses auteurs, organiser le crédit agricole en France d'une manière définitive.

I

Le fait qui a donné naissance à la loi de 1894 mérite d'être signalé : c'est le succès remporté en France par les syndicats agricoles.

Ces institutions créées à la suite de la loi de 1884 sur les syndicats professionnels, en vertu d'un amendement soutenu par M. le sénateur Oudet, ont atteint un développement prodigieux.

« Leur nombre s'est élevé au chiffre de 1500 ; près de 600.000 cultivateurs sont devenus leurs adhérents ; ils ont formé des réunions régionales ; ils ont fait des achats collectifs d'engrais évalués à 100 millions par an ; ils ont procuré à leurs membres des machines et des instruments aratoires à des prix avantageux ; ils ont entrepris des travaux agricoles en commun (1). »

Frappé de ces magnifiques résultats, M. Méline songea à utiliser les syndicats agricoles pour organiser le crédit en faveur des cultivateurs. Il entreprit, dans ce but, de les transformer en organes de crédit. C'est l'objet de sa proposition de loi, déposée sur le bureau de la Chambre des députés, le 10 mai 1890.

II

L'exposé des motifs qui accompagne la proposition est instructif.

Les syndicats agricoles sont prospères ; il faut s'en servir pour distribuer le crédit aux paysans.

La forme de ce crédit est indiquée dans les termes suivants :

« Que faut-il à l'agriculteur pour se procurer les engrais, les semences, le bétail dont il a besoin ? Est-ce nécessairement l'argent ? Nullement. Ce qu'il lui faut, c'est un crédit suffisant de la part de ceux qui lui ont fait des fournitures, pour lui permettre d'attendre l'époque où il pourra les payer avec les produits de son exploitation (2). »

Quel procédé employer pour délivrer ce crédit ? Le cultivateur achèterait ses engrais ou ses instruments

(1) Charles Rayneri, *Le crédit agricole par l'association coopérative*. La Société des agriculteurs de la Somme a même organisé une caisse d'assurance mutuelle contre la mortalité des bestiaux, qui a obtenu un grand succès.

(2) *Documents parlementaires de la Chambre des députés*, 10 mai 1890.

aratoires à un fournisseur quelconque ; il souscrirait un billet à ordre au profit de ce fournisseur. Le billet à son tour serait endossé par le syndicat agricole dont ferait partie le cultivateur.

Quelle garantie aurait le fournisseur ? Ici se présente le caractère original de la proposition: c'est, en effet, le syndicat lui-même qui fournirait la garantie ; il offrirait une sûreté de premier ordre : le cautionnement solidaire de tous ses adhérents.

III

Voici le texte du projet présenté par M. Méline :

« ART. 1er. — Les syndicats professionnels peuvent, s'ils y sont autorisés par leurs statuts, et par dérogation à l'article 3 de la loi du 21 mars 1884 :

1° Acheter pour revendre, louer ou prêter à leurs adhérents, les matières premières, machines, outils, engrais, semences, bestiaux, et généralement tous objets nécessaires à l'exercice de leur profession ;

2° Garantir le paiement des achats directement faits aux producteurs et aux fournisseurs des objets ci-dessus énumérés ;

3° Recevoir de leurs adhérents des dépôts de fonds en comptes courants, avec ou sans intérêts ; se charger des recouvrements à faire pour eux ou sur eux ;

4° Vendre pour leur compte les produits de leur profession ;

5° Contracter les emprunts nécessaires pour constituer ou augmenter le fonds de roulement de la société.

L'émission d'actions est interdite. »

Pourquoi le mot « professionnel » employé au début de l'article 1er ? Ne s'agit-il pas d'un projet de crédit agricole exclusivement ? Nullement ; la nouvelle disposition doit s'étendre à tous les syndicats *agricoles* et *ouvriers* (1). De là cette rubrique : « Projet de loi tendant à l'organisation du crédit agricole et populaire. »

« Acheter pour revendre » est-il mentionné dans le paragraphe 1er. Cette expression est-elle juste ? Celui qui achète pour revendre fait un acte de commerce ; il est soumis à la patente.

Les syndicats devraient donc payer cette taxe ?

En réalité, le mot est mal choisi. La véritable attribution des syndicats agricoles est celle-ci : ils servent d'intermédiaires entre le fournisseur et le cultivateur syndiqué ; ils achètent, mais pour le compte de leurs adhérents, et cette opération n'est nullement commerciale.

L'article 1er suggère une réflexion plus importante : il opère une grave modification dans le caractère des syndicats.

D'après la loi de 1884, les syndicats sont des associations de personnes du même métier ayant pour objet l'étude et la défense des intérêts professionnels. Dans le projet de M. Méline, les syndicats ont des attributions beaucoup plus étendues : ils sont autorisés à faire toutes les opérations nécessaires au fonctionnement du crédit. En un mot, ils deviennent de véritables banques.

« ART. 2. — Les statuts détermineront le mode d'administration

(1) *Sic, Documents parlementaires*, 10 mai 1890.

du syndicat, la composition du fonds de roulement et la proportion dans laquelle chacun de ses membres contribuera à sa constitution, ainsi que le taux d'intérêt auquel il donnera droit.

Ils régleront aussi la part de responsabilité qui incombera à chacun des adhérents dans les engagements pris par le syndicat.

En cas de silence des statuts, ceux-ci seront responsables solidairement. »

Cette dernière disposition est empruntée au système de Raiffeisen. Mais il y a des différences profondes entre la caisse Raiffeisen et le syndicat français.

La caisse allemande n'embrasse qu'une seule commune ; son territoire est peu étendu ; il est facile de connaître les emprunteurs. Ici la solidarité n'est guère dangereuse.

En est-il de même dans un syndicat français ? Celui-ci comprend généralement plusieurs communes ; il embrasse quelquefois un département tout entier. Ainsi la Société des agriculteurs de la Somme, l'un de nos syndicats les plus florissants, compte un nombre considérable d'adhérents disséminés dans toutes les parties de la région. Comment posséder des renseignements exacts sur chacun de ces adhérents ? Les grands propriétaires ont sans doute une certaine notoriété ; mais ils n'ont pas besoin de crédit. Les véritables intéressés, fermiers, petits cultivateurs, sont peu connus pour la plupart.

Dans ces conditions, la solidarité serait difficilement acceptée par tous les membres du syndicat.

IV

Malgré ces imperfections, le projet de M. Méline fut adopté par la Chambre des députés dans les séances des 11, 16, 18, 20 juin 1892, et dans celle du 29 avril 1893.

Il rencontra au Sénat une vive résistance. La Commission élue par cette assemblée proposa deux modifications importantes au texte voté par la Chambre :

1° N'appliquer la nouvelle disposition qu'au crédit agricole seulement.

Pourquoi exclure du bénéfice de la loi les syndicats ouvriers ? M. le sénateur Labiche, rapporteur, nous donne les motifs de cette exclusion :

« L'expérience a démontré, dit-il, que l'objet, l'organisation, le développement, les effets des syndicats agricoles ont été jusqu'à présent absolument différents de ceux des autres syndicats professionnels. »

Les paroles de M. Labiche sont profondément vraies. Tandis que les syndicats agricoles ont contribué à rapprocher les propriétaires fonciers, les fermiers et les petits cultivateurs, les syndicats ouvriers ont été trop souvent des ferments de discorde et des inspirateurs de grèves. Les syndicats agricoles ont ramené un peu d'aisance et de bien-être dans nos campagnes ; les syndicats ouvriers n'ont guère semé que la misère et le chômage.

2° Distinguer nettement les sociétés de crédit des syndicats proprement dits.

Cette modification répondait à la critique principale dirigée contre le projet de M. Méline : la transformation des syndicats en sociétés de crédit.

Aussi la nouvelle rédaction est-elle toute différente :

« Des sociétés de crédit peuvent être constituées, soit par la totalité des membres d'un ou de plusieurs syndicats professionnels agricoles, soit par une partie des membres de ces syndicats. »

Comme on le voit, les syndicats conservent leur autonomie, leur caractère propre ; ils sont parfaitement distincts des sociétés latérales de crédit qui peuvent se fonder.

« La société de crédit, déclare M. Labiche, aura un but, des pouvoirs différents de ceux du syndicat ; elle agira comme société commerciale, tandis que le syndicat, société civile, devra se maintenir dans les attributions restreintes que lui confère la loi du 21 mars 1884. »

La Chambre des députés n'approuva pas ces divers changements. Elle voulait une organisation de crédit « populaire », c'est-à-dire accessible à tous, aux cultivateurs comme aux artisans.

Est-ce que tous les travailleurs ne méritent pas les mêmes faveurs, ceux des villes comme ceux des champs ? Et ne s'occuper que de ces derniers, n'est-ce pas enlever à la loi son caractère essentiellement démocratique ?

Pour arriver à une entente entre les deux assemblées,

une commission extra-parlementaire fut nommée par le ministre de l'agriculture ; elle trouva que les modifications étaient raisonnables. M. Codet, nommé rapporteur à la Chambre des députés, réussit à faire adopter par cette assemblée le projet tel qu'il avait été rédigé par la commission sénatoriale.

V

Voici la teneur de la loi du 5 novembre 1894 :

« ARTICLE PREMIER. — § I. — Des sociétés de crédit agricole peuvent être constituées, soit par la totalité des membres d'un ou de plusieurs syndicats professionnels agricoles, soit par une partie des membres de ces syndicats : elles ont exclusivement pour objet de faciliter et même de garantir les opérations concernant l'industrie agricole, et effectuées par ces syndicats. »

Le mot « peuvent » est important ; il révèle le caractère facultatif de la loi. Celle-ci ne s'impose pas aux fondateurs d'une société de crédit agricole. On peut choisir entre la loi de 1894 et la loi du 24 juillet 1867.

Pour former une association de crédit conforme à la loi de 1894, il faut faire partie d'un syndicat. Le législateur, en effet, voulait que les syndicats agricoles fussent les organisateurs naturels du crédit rural.

Cette disposition est trop absolue.

Pourquoi exclure des avantages de la loi les agriculteurs auxquels il ne convient pas de faire partie d'un syndicat ? Ils ont l'esprit d'association développé, puisqu'ils désirent constituer une société de crédit.

« § II. — Ces sociétés peuvent recevoir des dépôts de fonds en
comptes courants avec ou sans intérêts ; se charger, relativement
aux opérations concernant l'industrie agricole, des recouvrements
et des paiements à faire pour les syndicats ou pour les membres
de ces syndicats. Elles peuvent notamment contracter les emprunts
nécessaires pour constituer ou augmenter leurs fonds de roulement. »

1° Ce paragraphe contient des expressions vagues :
ainsi « se charger relativement aux opérations concernant l'industrie agricole ».

Il est des opérations qui rentrent clairement dans
cette industrie, comme l'escompte des effets agricoles ;
il en est d'autres, telles que l'achat d'une valeur de
bourse pour le compte d'un sociétaire, qui présentent
un caractère équivoque. Quelles sont les conséquences
de ces dernières opérations? Le texte de l'article premier est muet sur ce point. Le législateur aurait pré-
venu cette difficulté par une énumération *limitative*.

2° Ce défaut de précision engendre un autre inconvénient ; le fisc a le droit de tenir aux administrateurs
d'une société agricole le langage suivant: vous êtes pri-
vilégiés, vous êtes exemptés de la patente et de l'impôt
sur les valeurs mobilières (art. 4 de la loi), mais à la
condition de justifier que vous ne faites que « des opérations concernant l'industrie agricole ». En conséquence, je puis vérifier la nature de vos opérations,
contrôler vos livres, vos registres, votre comptabilité.

« § III. — Le capital social ne peut être formé par des souscriptions d'actions. Il pourra être constitué à l'aide de souscriptions

des membres de la société ; ces souscriptions formeront des parts, qui pourront être de valeur inégale ; elles seront nominatives et ne seront transmissibles que par voie de cession aux membres des syndicats et avec l'agrément de la société. »

En prescrivant la constitution du capital social au moyen de parts, et non au moyen d'actions, le législateur a voulu préserver les sociétés de crédit des atteintes de la spéculation.

En effet, l'actionnaire a droit à un dividende, à une part proportionnelle dans les bénéfices ; c'est là un attrait pour les spéculateurs. Au contraire le porteur de part n'a droit qu'à un intérêt fixe au taux prévu par les statuts, et les bénéfices, après les différentes répartitions dont parlera l'article 3, vont aux membres, non plus proportionnellement à leur apport, mais proportionnellement aux opérations faites avec la société (1).

Les parts présentent un autre avantage sur les actions. Celles-ci sont d'une quotité fixe, tandis que les parts peuvent être de valeur inégale ; par là même elles se trouvent plus facilement à la portée de toutes les bourses.

A propos de ce paragraphe, M. Labiche a déclaré que le système de parts n'était pas obligatoire ; que des sociétés de crédit pouvaient être formées sans capital social.

« Bien que cette hypothèse ne doive, suivant nous, se

_____

(1) Elie Coulet, *Le mouvement syndical et coopératif dans l'agriculture française*, Paris, Masson.

réaliser que rarement en France, on peut supposer que certaines sociétés pourront fonctionner sans capital social. Il pourrait en être ainsi dans le cas notamment où les statuts stipuleraient la responsabilité solidaire et illimitée des associés, ainsi que cela a lieu dans la plupart des sociétés de crédit en Allemagne et dans les sociétés L. Wollemborg en Italie. Les ressources nécessaires au fonctionnement de la société pourraient alors être obtenues sans capital social, au moyen de fonds de dépôts ou d'emprunts garantis par la responsabilité solidaire et illimitée de tous les associés. »

Ainsi le rapporteur reconnaît la légalité des sociétés de crédit agricole sans capital social et à responsabilité illimitée. Pourquoi ne l'a-t-il pas mentionné expressément dans le texte du projet ? Cette disposition eût rendu la loi plus complète.

« § IV. — La société ne pourra être constituée qu'après versement du quart du capital souscrit. »

Il n'est pas nécessaire que chaque sociétaire ait versé le quart de sa souscription ; il suffit que le quart soit versé sur la totalité.

On trouve, en effet, une solution analogue dans les sociétés à capital variable par actions. Aux termes de l'article 51, 3ᵉ alinéa, de la loi de 1867, la société ne peut être formée qu'après versement du dixième. Il s'agit là du dixième sur l'ensemble du capital, et non du dixième sur chaque action. Les deux textes sont conçus dans les mêmes termes ; ils doivent être interprétés de la même façon.

Ainsi, dans les sociétés instituées suivant la loi de 1894, les uns peuvent verser en plus ce que les autres versent en moins. Cette faculté est utile, car les membres des caisses agricoles ont le plus souvent des ressources très inégales.

« § V. — Dans le cas où la société serait constituée sous la forme de société à capital variable, le capital ne pourra être réduit par les reprises des apports des sociétaires sortants, au-dessous du capital de fondation. »

Le capital de fondation, c'est le quart du capital social dont il est question dans l'alinéa précédent et dont le versement est nécessaire pour la formation de la société.

La prescription énoncée dans le paragraphe V se justifie facilement. Les fortunes des cultivateurs sont généralement modestes ; s'ils entrent dans une société de crédit, il faut qu'ils puissent reprendre leurs mises, suivant leurs besoins d'argent.

La forme de la société à capital variable satisfait à cette nécessité. Dans cette société, en effet, la diminution du capital est considérée comme un fait normal et pour ce motif elle est dispensée de la publicité.

Toutefois le capital ne saurait être épuisé complètement ; les créanciers doivent conserver certaines garanties ; de là cette limite que le législateur a fixée à la réduction du capital social.

« Art. 2. — § I. Les statuts détermineront le siège et le mode d'administration de la société de crédit, les conditions nécessaires à la modification de ses statuts et à la dissolution de la société, la composition du capital et la proportion dans laquelle chacun de ses membres contribuera à sa constitution. »

« § II. Ils détermineront le maximum des dépôts à recevoir en comptes courants. »

« § III. Ils régleront l'étendue et les conditions de la responsabilité qui incombera à chacun des sociétaires dans les engagements pris par la société. »

Ainsi les organisateurs d'une société de crédit agricole ont toute latitude pour fixer l'étendue de la responsabilité des associés.

Cette nouvelle rédaction diffère de la première, ainsi conçue (1) :

« En cas de silence des statuts, les associés seront responsables solidairement. »

D'après ce texte, la solidarité formait pour ainsi dire le droit commun.

Le nouveau texte est préférable à l'ancien ; en matière de crédit, en effet, il faut laisser la plus grande liberté à l'initiative privée.

En fait, la majeure partie des sociétés de crédit qui se sont fondées suivant la loi de 1894 ont adopté la responsabilité non solidaire, limitée pour chaque membre au montant de sa souscription. Est-ce une preuve que la solidarité nous effraie, que notre tempérament national est réfractaire à ce principe ? Les six cents caisses

______

(1) Projet de M. Méline déposé le 10 mai 1890.

rurales qui se sont fondées en France, sur la base de la responsabilité indéfinie, prouvent le contraire.

La véritable conclusion est celle-ci : le crédit agricole, comme le crédit urbain, n'est pas attaché à un moule spécial ; il peut revêtir les formes les plus variées.

Cette doctrine est celle de tous les hommes compétents ; elle est enseignée par les directeurs du Centre fédératif.

« § III. — Les sociétaires ne pourront être libérés de leurs engagements qu'après la liquidation des opérations contractées par la société antérieurement à leur sortie. »

Le projet primitif présenté par M. Méline était rédigé en termes plus explicites :

« Leur responsabilité (celle des associés) cessera deux ans après leur sortie du syndicat (1). »

« Art. 3. — § I. — Les statuts détermineront les prélèvements qui seront opérés au profit de la société sur les opérations faites par elle. »

Ce paragraphe peut se traduire ainsi : la société, sur toutes les affaires qu'elle conclura, prendra une commission dont le chiffre sera déterminé par les statuts.

« § II. — Les sommes résultant de ces prélèvements, après acquittement des frais généraux et paiement des intérêts des emprunts et du capital social, seront d'abord affectées, jusqu'à concurrence des trois quarts au moins, à la constitution d'un fonds

(1) Projet de loi présenté par M. Méline le 10 mai 1890 (art. 2, § 3).

de réserve, jusqu'à ce qu'il ait atteint au moins la moitié de ce capital. »

« § III. — Le surplus pourra être réparti, à la fin de chaque exercice, entre les syndicats et entre les membres des syndicats, au prorata des prélèvements faits sur les opérations. Il ne pourra, en aucun cas, être partagé sous forme de dividendes, entre les membres de la société. »

« § IV. — A la dissolution de la société, le fonds de réserve et le reste de l'actif seront partagés entre les sociétaires, proportionnellement à leurs souscriptions,à moins que les statuts n'en aient affecté l'emploi à une œuvre d'intérêt agricole. »

« Art. 4. — § I. — Les sociétés de crédit autorisées par la présente loi sont des sociétés commerciales, dont les livres doivent être tenus conformément aux prescriptions du Code de commerce. »

Ainsi l'article 4 attribue aux sociétés de crédit agricole le caractère commercial. Lors de la discussion de la loi à la Chambre, on a dit que, faisant des opérations de banque, recevant des dépôts, elles étaient des sociétés commerciales (1). En effet, ces actes rentrent bien dans la catégorie de ceux énumérés par l'article 632 du Code de commerce.

Les sociétés de crédit agricole étant déclarées commerciales, il faut en conclure que les associés sont exposés à la liquidation et à la faillite, qu'ils sont obligés de tenir des livres, obligation qui est imposée à tous les commerçants (art. 8 du Code de commerce) et ces livres doivent être visés, cotés, paraphés.

Dans le projet primitif présenté à la Chambre des

____

(1) Séances de la Chambre, année 1892, page 832.

députés, l'article 4 exigeait seulement qu'il y eût une comptabilité régulière, tenue à jour, qui permît d'apprécier la situation exacte de la société et la nature de ses opérations.

Cette disposition était rationnelle : dans les sociétés de crédit agricole, administrées par de modestes cultivateurs, où les actes sont d'une grande simplicité, il suffit d'une comptabilité régulière ; il n'y a pas lieu d'exiger les prescriptions en usage dans le commerce.

Ces inconvénients, qui découlent du caractère commercial imposé aux sociétés de crédit agricole, ont soulevé des critiques nombreuses. On a prétendu, avec juste raison, qu'ils étaient susceptibles de décourager les cultivateurs, de les détourner des nouvelles institutions. Le congrès du crédit populaire de Caen a même exprimé le vœu que ce point de la loi de 1894 soit modifié (1).

« § II. — Elles sont exemptes du droit de patente ainsi que de l'impôt sur les valeurs mobilières. »

Pour bénéficier de cette disposition, les sociétés de crédit agricole doivent rester strictement mutualistes, c'est-à-dire n'opérer qu'avec leurs adhérents.

« ART. 5. — Les conditions de publicité prescrites pour les sociétés commerciales ordinaires seront remplacées par les dispositions suivantes :

« Avant toute opération, les statuts, avec la liste complète des

(1) V. Rapport de M. Ingoult au Congrès de Caen (1896).

administrateurs ou directeurs et des sociétaires, indiquant leurs noms, profession, domicile, et le montant de chaque souscription, seront déposés, en double exemplaire, au greffe de la justice de paix du canton où la société a son siège principal ; il en sera donné récépissé.

« Un des exemplaires des statuts et de la liste des membres de la société sera, par les soins du juge de paix, déposé au greffe du tribunal de commerce de l'arrondissement.

« Chaque année, dans la première quinzaine de février, le directeur ou un administrateur de la société déposera en double exemplaire, au greffe de la justice de paix du canton, avec la liste des membres faisant partie de la société à cette date, le tableau sommaire des recettes et des dépenses, ainsi que des opérations effectuées dans l'année précédente. Un des exemplaires sera déposé par les soins du juge de paix au greffe du tribunal de commerce.

« Les documents déposés au greffe de la justice de paix et du tribunal de commerce seront communiqués à tout requérant. »

« Art. 6, § I. — Les membres chargés de l'administration de la société seront personnellement responsables, en cas de violation des statuts ou des dispositions de la présente loi. du préjudice résultant de cette violation. »

Cette disposition est normale ; elle ne fait qu'appliquer le droit commun ; les administrateurs sont soumis à une responsabilité civile pour le cas où ils auraient violé la loi ou les statuts, et même cette responsabilité n'est encourue qu'autant que leur faute a causé un préjudice.

Mais à côté de cette responsabilité civile, l'article 6 établit une responsabilité pénale devant le tribunal correctionnel.

« § II. — Ils pourront être poursuivis et punis d'une amende de 16 à 200 francs. »

« § III. — Le tribunal pourra en outre, à la diligence du procureur de la République, prononcer la dissolution de la société. »

« § IV. — Au cas de fausse déclaration relative aux statuts, et aux noms et qualités des administrateurs, des directeurs ou des sociétaires, l'amende pourra être portée à 500 francs. »

Cette sanction présente un certain caractère de sévérité ; en effet, les violations de la loi ou des statuts qui n'engageraient pas la responsabilité civile des administrateurs, parce qu'elles n'auraient causé de préjudice à personne, permettent au procureur de la République de poursuivre les administrateurs en police correctionnelle et de dissoudre la société.

De plus cette disposition frappe d'une peine des délits qui ne sont précisés nulle part et dont l'appréciation est abandonnée à l'arbitraire des tribunaux. C'est une dérogation aux principes généraux posés par le Code pénal qui a soin de caractériser et de délimiter tous les faits punissables. La loi du 24 juillet 1867 applique ces principes ; elle édicte des pénalités dans les articles 13, 14, 15, 45, mais les faits délictueux sont indiqués en termes clairs.

Aussi la Société des agriculteurs de France, dans la session de 1898, a-t-elle formulé un vœu tendant à ce que la loi de 1894 soit modifiée, que la violation des statuts ne soit pas punie d'une peine correctionnelle et que le nouveau texte énumère et précise les délits qui donneront ouverture à une poursuite devant les tribunaux.

M. le sénateur Lourties, dans son rapport sur les caisses régionales du crédit agricole, a exprimé la même idée ; il a même proposé une rédaction nouvelle que le législateur pourrait substituer aux termes de l'article 6 :

« Les membres chargés de l'administration de la société seront personnellement responsables, en cas de violation de la loi ou des statuts, du préjudice résultant de cette violation.

« Ils seront punis d'une amende de 16 à 200 francs, s'ils font pour le compte de la société des opérations interdites par la présente loi ou s'ils n'effectuent pas au greffe le dépôt annuel prescrit par les deux derniers paragraphes de l'article 5.

« La même peine pourra être prononcée contre les fondateurs de la société et la société être dissoute par le tribunal, à la diligence du procureur de la République, si la société émet des actions, si elle commence ses opérations avant le versement du quart du capital souscrit ou avant l'accomplissement des formalités de publicité prescrites par l'article 5, ou si ses statuts attribuent aux associés un dividende en outre de l'intérêt servi aux parts sociales.

« Au cas de fausse déclaration relative aux statuts ou aux noms et qualités des administrateurs, des directeurs ou des sociétaires, l'amende pourra être portée à 500 francs. »

Ce changement de texte, s'il était adopté, déterminerait l'éclosion de beaucoup de sociétés de crédit agricole.

VI

Que faut-il penser de la loi du 5 novembre 1894?

Cette question ne saurait comporter aujourd'hui une réponse absolue. La loi est trop récente pour qu'on puisse la juger définitivement. C'est l'opinion de M. Méline lui-même :

« La loi de 1894 a été votée et on peut se demander quels sont les résultats accomplis.

« Il y a eu des progrès incontestables. Au cours de la discussion de la loi de 1894, j'ai dressé la statistique des banques existantes à cette époque. Elles étaient au nombre de trois. Aujourd'hui il me suffira de dire qu'il y a 75 banques en fonctionnement.

« C'est là un chiffre relativement restreint ; mais il faut convenir que la pratique du crédit agricole est fort délicate. Une pareille organisation ne saurait fonctionner du jour au lendemain ; et chez tous les peuples, un temps considérable a été nécessaire pour mettre le monde agricole en mouvement sur le chemin du crédit.

« En Allemagne, où l'élan a été si puissant, il a fallu près de dix ans à Schulze-Delitzsch et à Raiffeisen pour créer un véritable courant. Or, chez nous, nous sommes bien loin d'avoir employé les dix années, puisque trois ans à peine nous séparent du vote de cette loi (1). »

(1) M. Méline, séance de la Chambre des députés du 17 juin 1897.

Suivant l'avis de la plupart des auteurs, le grand défaut de la loi de 1894 est d'avoir laissé de côté les organisations économiques expérimentées chez les peuples voisins, d'avoir imaginé un type de société bizarre, visant à être nouveau, et procédant de l'idée trop étroite de n'admettre le crédit qu'en le liant aux syndicats (1).

Cependant nous devons approuver certaines dispositions, telles : l'absence de dividendes, l'affectation des trois quarts des bénéfices au fonds de réserve, la répartition facultative du surplus des bénéfices entre les membres du syndicat au prorata des prélèvements faits sur leurs opérations.

La loi de 1894 a enfin une qualité particulière qui mérite d'être signalée : elle a été l'une des premières mesures que le législateur a prises en faveur de l'agriculture.

Avant cette époque, nos représentants s'occupaient presque exclusivement des commerçants, des industriels, des ouvriers des villes.

Pourquoi les traités de commerce de 1860 avaient-ils été conclus ? Dans le but de favoriser l'industrie française ; on peut même dire que l'agriculture a été sacrifiée pour payer les privilèges qui étaient faits à l'industrie.

Quel était le but essentiel de la loi du 24 juillet 1867 ? Encourager les sociétés coopératives entre ouvriers.

____

(1) M. Eugène Rostand, Congrès de Caen, 1896.

Quelle était la pensée initiale des promoteurs de la loi du 21 mars 1884 ? Répandre dans toutes les cités des syndicats d'ouvriers.

La presse agricole a protesté contre cette inégalité, et nos hommes d'État ont compris que cette situation devait avoir un terme ; que l'agriculture avait droit à la même protection que les autres branches de la richesse nationale. La loi de 1894 a été l'un des premiers résultats de ce mouvement dans l'opinion publique.

VII

La conclusion de cette étude sur la loi de 1894 se trouve indiquée dans la résolution suivante prise au Congrès de Caen :

« Le Congrès, maintenant ses réserves antérieures sur divers points de la loi du 5 novembre 1894 et émettant le vœu que ces points, notamment le caractère commercial obligatoire de la société créée par cette loi, soient modifiés ;

« Rappelant d'ailleurs que, d'après le texte même de l'article 1er, cette loi laisse la liberté d'user du titre III de la loi du 24 juillet 1867 ;

« Renouvelle néanmoins l'avis qu'il est possible d'utiliser la loi du 5 novembre 1894, et considère le type de société qu'elle a créé, comme l'une des formes que peut revêtir l'association, pour réaliser le crédit rural, avec le puissant concours des syndicats agricoles (1). »

(1) V. Congrès de Caen, 1896.

SECTION VI

Loi du 20 juillet 1895.

La loi du 20 juillet 1895 est relative aux caisses d'é-
pargne. Elle leur accorde une certaine liberté dans la
disposition de leurs fonds ; elle les autorise à prêter leur
concours aux œuvres d'utilité publique et notamment
aux associations coopératives de crédit, urbain et rural.

En ce sens, on peut dire que la nouvelle loi est favorable à la diffusion du crédit agricole.

I

Avant d'entrer dans l'analyse de cette loi, jetons un
coup d'œil sur quelques caisses d'épargne situées à l'é-
tranger et voyons les bienfaits qu'elles ont su procurer
aux institutions de crédit populaire et agricole.

En 1887, le fondateur des caisses rurales italiennes,
M. Leone Wollemborg, écrivait :

« Dans les caisses d'épargne, la prévoyance du peu-
ple italien a su créer un admirable trésor de forces qui
peuvent, dans les moments difficiles que traverse l'agriculture nationale, devenir une source efficace de secours
opportuns. La meilleure manière de seconder le crédit
agricole populaire consiste à nouer, par des moyens
adaptés, une intimité nouvelle de relations entre les
caisses d'épargne et les associations locales de cultiva-

teurs solidairement groupés. Diminuer l'emploi sur hypothèque, élargir le cercle des opérations actives, de façon que l'épargne accumulée fournisse de plus en plus une veine restauratrice de crédit en faveur des classes qui la constituent, tel est, il me semble, l'aperçu de l'évolution des caisses d'épargne. Sur la route de ce nouveau progrès, elles peuvent procéder avec prudence, en liant d'amicaux rapports avec les caisses rurales, en les accréditant avec une libéralité cordiale, en se faisant les promotrices de leur diffusion. Leur concours sera le plus fort dans l'extirpation de la tenace usure, but que poursuivent par des moyens variés nos coopératives (1). »

Les caisses d'épargne italiennes ont répondu à l'appel de M. Wollemborg; par les services de tout genre qu'elles ont rendus à l'agriculture, elles ont mérité d'être appelées « les sources nourricières du crédit agricole (2) ».

Pour atteindre ce but, les caisses d'épargne italiennes ont trouvé de grandes facilités dans leur régime qui est « le libre emploi ». Elles peuvent utiliser leurs dépôts en toute liberté, suivant le mode qu'elles jugent utile : escompte, ouverture de comptes courants, prêts aux sociétés coopératives. Ainsi employés, les fonds d'épargne sont des éléments de prospérité pour la région où la caisse est établie.

« En Italie, les caisses d'épargne se considèrent

---

(1) La cooperazione rurale du 15 avril 1887. *Les caisses d'épargne et les caisses rurales*, par Leone Wollemborg.
(2) M. Luzzatti.

comme les banques de la contrée où elles opèrent,
chargées de centraliser, de régulariser et de distribuer
le capital issu du travail des habitants. Elles sont ainsi
les intermédiaires naturels et nécessaires entre les villes
et les campagnes. D'une part, les villes économisent
l'argent qu'elles ne savent où placer et qui, laissé à lui-
même, irait sûrement se perdre dans les entreprises
exotiques, fécondes en mirages et en déceptions.
D'autre part, les campagnes ont un emploi tout prêt
pour les capitaux, un emploi sûr et rémunérateur.

« Au 1er janvier 1894, les 223 caisses d'épargne italiennes, avec leurs 172 succursales, avaient reçu
1258 millions de dépôts.Dans la statistique des emplois,
figurent 130 millions de lettres de change, plus 64 millions de comptes courants actifs, soit le sixième des
fonds affectés à des avances individuelles dans l'intérêt
de l'agriculture, du commerce et de l'industrie (1). »

II

Les caisses d'épargne privées en Autriche, vivent sous
un régime extrêmement libéral. Les pouvoirs publics
interviennent seulement à la naissance de l'institution,
pour vérifier son organisation, pour s'assurer si elle a
été constituée suivant les statuts-types, dont la dernière
édition remonte à 1892. Ces statuts laissent une liberté
très grande, posant à peine des lignes générales. Ils énu-
mèrent une certaine quantité de modes d'emploi très

____

(1) *La Prévoyance sociale en Italie.* Introduction par M. Mabilleau.

variés, entre lesquels les caisses peuvent choisir, suivant les conditions locales.

L'emploi le plus fréquent consiste en prêts hypothécaires : ces prêts représentent 59 0/0 de l'actif total des caisses d'épargne. Il y a aussi l'escompte des lettres de change, les avances sur titre et sur gage, les prêts sur la seule considération du mérite personnel de l'emprunteur. Il faut encore citer les prêts aux sociétés coopératives de crédit, lesquels se chiffrent par dizaines de millions (1).

III

L'Allemagne, de même que l'Italie et l'Autriche, a adopté le régime du libre emploi et les résultats qu'elle a obtenus sont favorables.

Le libre emploi existe en Allemagne et notamment en Prusse, aussi bien pour les caisses publiques que pour les caisses privées.

« Pour les caisses publiques, le règlement de 1838, qui est la loi organique de ces établissements, autorise le placement des fonds d'épargne, soit en premières hypothèques urbaines et rurales, soit en valeurs de l'État prussien et en lettres de gage de l'État, soit de toute autre façon présentant une absolue sécurité.

« Cette dernière formule large et élastique est une des dispositions les plus remarquables du règlement de 1838 ; elle ouvre la porte aux placements les plus variés,

(1) Communication de M. Maurice Dufourmantelle au Congrès de Caen, 1896.

répondant aux nécessités économiques sans cesse changeantes, et elle permet aux caisses d'épargne de remplir avec fruit leur mission sociale, en fécondant de
leurs immenses ressources les diverses formes que revêt
l'activité locale.

« C'est ainsi que des arrêtés de 1856, 1857 et 1897
recommandent aux caisses d'épargne le placement en
prêts au crédit personnel, afin de venir en aide aux petites gens (1). »

Voici le détail de leurs placements pour 1895-1896 :

Hypothèques urbaines . . . . 1.127.078.942 marks
Hypothèques rurales . . . . 1.041.719.899 »
Prêts personnels sans caution. . . . 8.899.770 »
Prêts personnels avec caution . . . 103.293.413 »
Escompte . . . . 38.853.756 »
Avances sur nantissement. . . . . 46.303.251 »
Dette de l'empire et des États allemands. 556.727.992 »

Les caisses d'épargne privées ont suivi le même mouvement. Grâce à la pratique du libre emploi varié, elles
ont puissamment contribué au développement du commerce, de l'industrie et de l'agriculture.

Leurs placements se décomposent de la manière suivante :

Hypothèques urbaines. . . . . 172.375.809 marks
Hypothèques rurales . . . . 132.821.015 »
Prêts personnels sans caution . . . . 1.178.659 »

____

(1) M. Maurice Dufourmantelle. V. *Bulletin de la Société de législation
comparée*, août-septembre 1898.

Prêts personnels avec caution . . . .   47.466.172 marks
Escompte. . . . .   26.441.430   »
Avances sur nantissement . . . . .   23.837.608   »
Valeurs mobilières. . . . .   68.517.709   »

Ce tableau permet de constater la prospérité des caisses d'épargne privées en Allemagne. Le public leur accorde une confiance absolue, et cela est d'autant plus remarquable qu'elles ne jouissent d'aucune garantie officielle et qu'elles n'accordent qu'une faible part aux placements en valeurs d'État. La confiance qui leur est accordée repose uniquement sur la sagesse de leur administration (1).

IV

Nos caisses d'épargne, en France, sont assujetties au régime d'emploi « étatiste » ; en d'autres termes, elles doivent verser leurs capitaux dans les coffres de l'État. Ce système, qui a été légèrement modifié par la loi de 1895, est considéré comme défectueux.

En effet, il retire de la circulation une somme d'argent considérable évaluée à 4 milliards 300 millions. Ces quatre milliards sont versés à la Caisse des dépôts et consignations qui en consacre la plus grande partie à des achats de rente française.

L'État semble ainsi réaliser des avantages sérieux. La caisse achète chaque jour une certaine quantité de

(1) M. Maurice Dufourmantelle. V. *Bulletin de la Société de législation comparée*, août-septembre 1898.

titres, ce qui produit une hausse appréciable sur le cours
de la rente. De plus, le gouvernement, ayant à sa disposition de nombreux capitaux fournis par les fonds des
déposants, peut faire face aux dépenses imprévues.

Mais cette combinaison offre un véritable danger :
l'État, administrant seul les fonds d'épargne, prend
l'engagement de les rembourser au pair et à vue. Qu'ar-
riverait-il, si une panique se produisait ? Si les déposants se présentaient en masse pour être remboursés ?
L'État serait obligé d'aliéner des rentes en baisse, pour
satisfaire aux demandes de retraits et par là même il
subirait des pertes nombreuses.

Sans doute la clause de sauvegarde permet au gouvernement, dans le cas de force majeure, de rendre un
décret, en vertu duquel les caisses d'épargne sont autorisées à n'opérer les remboursements que par acomptes
de 50 francs, par quinzaine. Mais cette clause serait-elle
suffisante ? L'État pourrait-il tenir ses engagements,
même limités par cette clause de sauvegarde ? La solution de ce problème soulèverait de grandes difficultés.

Voici un autre inconvénient qui nous intéresse davantage : dans le système étatiste, les capitaux épargnés
vont se concentrer à Paris, et ils ne rentrent sous aucune forme dans la circulation des pays qui les ont
produits. Ils proviennent des économies réalisées dans
les villes et dans les campagnes, mais celles-ci n'en
profitent pas. L'agriculture, le commerce et l'industrie,
qui sont la source de la richesse et de l'épargne, ne

reçoivent aucune part des trésors qu'ils ont accumulés.

V

Ces divers inconvénients ont frappé l'esprit de nos hommes d'État. C'est pourquoi, antérieurement à la loi du 20 juillet 1895, M. Lockroy avait déposé un projet de loi, daté du 19 novembre 1889, tendant à modifier notre régime d'administration des caisses d'épargne.

C'était un projet de transition. Il permettait aux caisses d'épargne d'employer une quote-part de leurs fonds en œuvres d'utilité publique. Pour donner plus de garanties aux déposants, le projet réservait au ministre le droit d'indiquer à chaque caisse la nature des opérations permises.

L'idée de M. Lockroy était excellente. Elle fut développée et propagée par M. Eugène Rostand, président de la caisse d'épargne de Marseille et directeur du Centre fédératif.

M. Rostand poursuivit cette réforme devant le Parlement. En même temps il s'attacha à obtenir des autorisations de libre emploi partiel pour sa caisse d'épargne de Marseille.

Un premier décret lui permit de venir en aide à l'œuvre marseillaise des habitations à bon marché. Un arrêté ministériel postérieur lui accorda la faculté d'affecter un dixième des bonis annuels à d'autres œuvres d'utilité publique. Grâce à quelques prêts-subventions, trois sociétés de crédit agricole furent bientôt fondées

dans les Bouches-du-Rhône : deux imitées du type Raiffeisen, la troisième organisée suivant la loi de 1894.

VI

Le résultat le plus important de cette campagne en
faveur de la décentralisation de l'épargne fut le vote de
la loi du 20 juillet 1895.

Cette loi avait été rejetée plusieurs fois par le Sénat
qui était opposé au principe même de la réforme. Cédant
enfin au mouvement croissant de l'opinion publique en
faveur de la décentralisation, la haute Assemblée adopta
u ne disposition qui marquait un progrès caractérisé :

Les caisses d'épargne étaient autorisées à disposer
du cinquième du capital de leur fortune personnelle et
de la totalité de leur revenu au profit des associations
coopératives de crédit, urbain et agricole.

Cette disposition fut acceptée par la Chambre, après
un rapport remarquable de M. Aynard, député de Lyon.

Du texte de la nouvelle loi, nous ne retiendrons que
l'article 10 ainsi conçu :

« ART. 10, alinéa 2. — Elles (les caisses d'épargne) pourront en
outre employer la totalité du revenu de leur fortune personnelle
et le cinquième du capital de cette fortune :

En valeurs locales énumérées ci-dessous, à la condition que ces
valeurs émanent d'institutions existant dans le département où
les caisses fonctionnent : bons de monts-de-piété ou d'autres établissements reconnus d'utilité publique ; prêts aux sociétés coopératives de crédit ou à la garantie d'opérations d'escompte de ces
sociétés ; acquisition ou construction d'habitations à bon marché ;

prêts hypothécaires aux sociétés de construction de ces habitations ou aux sociétés de crédit qui, ne les construisant pas elles-mêmes, ont pour objet d'en faciliter l'achat ou la constructio et en obligations de ces sociétés. »

Cet article a été introduit dans la loi de 1895 par la commission sénatoriale. Le texte primitif, voté par la Chambre des députés, avait un caractère plus libéral. Il permettait aux caisses d'épargne d'employer « toute leur fortune personnelle » en œuvres locales.

La Chambre avait aussi adopté un paragraphe en vertu duquel les caisses d'épargne pouvaient utiliser le cinquième de leurs bonis en œuvres d'utilité sociale. Cette disposition, qui eût été féconde, comme le prouve l'exemple de l'Italie, a été également rejetée par le Sénat.

Dans cette assemblée, M. Buffet s'est montré l'adversaire résolu de la décentralisation de l'épargne. « Il est nécessaire, disait-il, de faire grande attention aux placements indiqués par l'article 10 ; dans le cas où ils deviendraient insuffisants pour couvrir les pertes, on serait autorisé à recourir à la réserve de la Caisse des consignations.

« Or quelles sont les valeurs recommandées ? Ce sont les valeurs les plus aléatoires et les moins productives ; tels les prêts à des œuvres de bienfaisance ou à la construction d'habitations à bon marché. Mais il ne faut pas faire la charité avec le bien d'autrui. Les caisses d'épargne sont instituées pour garantir aux dé-

posants les sommes qu'ils leur ont confiées et non pour
faire de la philanthropie. »

M. Lourties a répondu à M. Buffet que la sécurité,
l'élément essentiel qui doit figurer dans les placements
des caisses d'épargne, se trouvait réalisée dans les modes d'emplois stipulés par l'article 10.

Et, en effet, l'expérience des caisses d'épargne étrangères suffit pour prouver la justesse de ce raisonnement.

Si nous considérons, par exemple, la caisse d'épargne de Hambourg, l'une des plus anciennes de l'Allemagne (1827), nous constatons qu'elle utilise une
grande partie de ses dépôts en prêts hypothécaires,
elle escompte aussi les lettres de change ; elle fait des
avances à divers établissements d'utilité publique. « Or,
depuis sa fondation, il n'a pas été perdu dans ces opérations la moindre somme d'argent. » C'est le témoignage de son directeur (lettre adressée à M. Rostand
le 9 mai 1891) (1).

De même les caisses privées, en Autriche-Hongrie,
font des prêts en comptes courants aux institutions
basées sur la mutualité et notamment aux associations
agricoles. Ainsi la caisse de Graz a mis, en 1894, une
somme de 100,000 florins à la disposition des cultivateurs de la Styrie, pour les aider à reconstituer leurs
vignobles par le plant américain, et sur ce crédit, 863

____

(1) *La réforme des caisses d'épargne françaises*, par M. Rostand.

prêts, représentant 84.030 florins, avaient été consentis au 1ᵉʳ janvier 1896.

Ce régime libéral est loin de nuire à la prospérité des caisses privées autrichiennes. Au 1ᵉʳ janvier 1895, le total de leurs dépôts représentait plus de 3 milliards 500 millions (M. Rostand).

Comme ces deux exemples le prouvent, les placements en œuvres locales présentent tous les éléments de sécurité que les déposants peuvent désirer.

Au contraire, l'emploi en rentes sur l'État expose les caisses d'épargne à de graves dangers. Les capitaux, par ce fait, suivent la fortune des finances de l'État. Lors de la Révolution de 1848, le Trésor devait 355 millions de francs aux caisses d'épargne. Les demandes de remboursement furent nombreuses. Le Trésor était hors d'état d'y répondre. Le gouvernement, par un décret du 9 mars, limita le remboursement à 100 francs par livret et accorda aux déposants la conversion du surplus, moitié en bons du Trésor, moitié en rentes sur l'État. Or les bons du Trésor s'escomptaient à 30 ou 40 0/0 de perte et la rente était à 30 francs au-dessous du pair. C'était une véritable banqueroute ! Cette catastrophe est une preuve éclatante contre le système étatiste qui régit nos caisses d'épargne françaises.

VII

Malgré les lacunes importantes que nous avons signalées, la loi de 1895 réalise dans son ensemble un véritable progrès, une amélioration sensible : elle est un acheminement vers la décentralisation de l'épargne. Ainsi elle a reçu d'heureuses applications dans le district de la caisse d'épargne de Marseille : « En 1896, celle-ci assignait dix prêts-subventions de 2000 francs, à 3 0/0, pour deux ans, aux dix sociétés de crédit rural qui se fonderaient dans les communes du département où elle a des succursales » (M. Rostand).

C'est un effet bienfaisant de la loi de 1895 ; elle permet d'encourager les institutions de crédit agricole.

Espérons que le mot de M. Aynard sera justifié, que la loi du 20 juillet 1895 ne sera « qu'une première étape, qu'un acompte provisoire ». Suivant le vœu exprimé par le Congrès de Caen, le Parlement admettra la disponibilité d'une parcelle des bonis en faveur des œuvres d'utilité sociale. Après cela, d'autres modifications du même genre seront opérées, telles que la libre disposition du quart des dépôts ; et ces réformes permettront de voter le régime du libre emploi en matière d'épargne.

Sans doute cette transformation est grave ; elle ne peut se réaliser que par degrés ; si le Parlement l'adoptait immédiatement, il provoquerait des retraits considérables de la part des déposants et le cours de la rente

française pourrait baisser dans des proportions inquiétantes.

La modification doit donc être progressive, mais elle
est nécessaire.

La plupart des caisses européennes jouissent du libre
emploi et produisent des merveilles dans leur région :
c'est un exemple salutaire que nous devons imiter !

SECTION VII.

§ 1. — Loi du 17 novembre 1897.

En vertu de la loi du 24 germinal an XI, complétée par les lois du 22 avril 1806, du 30 juin 1840 et du 9 juin 1857, la Banque de France a eu le privilège exclusif d'émettre des billets payables au porteur et à vue ; en d'autres termes, elle a été déclarée la seule banque d'émission dans notre pays.

Ce privilège appelait une compensation qui logiquement devait profiter à la généralité des citoyens.

Sous le régime de la loi de germinal, il n'en était pas ainsi : la Banque de France distribuait largement le crédit aux commerçants ; mais elle ne rendait aucun service de cette nature aux cultivateurs. Pendant que le commerce avait à sa disposition un crédit considérable, l'agriculture végétait et se trouvait complètement délaissée.

Quelques économistes réclamaient une modification à cet état de choses. Des assemblées départementales s'occupaient de la question. Le Conseil général de la Somme entre autres formulait un vœu demandant :

« Qu'il ne fût plus accordé à la Banque de France un privilège qui n'aurait pas sa compensation absolue dans l'ensemble des avantages fournis à l'État et au public ;

« Que, dans cet esprit, les pouvoirs publics eussent pour première préoccupation de satisfaire, au taux le plus bas possible, le besoin de crédit de l'agriculture et spécialement de la petite culture. »

I

Une occasion se présenta pour examiner ce problème délicat. Le privilège de la Banque de France devait expirer le 31 décembre 1897 ; avant de le renouveler, on proposa différents systèmes pour améliorer la législation antérieure. Cette matière donna lieu à des discussions brillantes au Parlement, notamment à la Chambre des députés.

On était d'accord sur un point : la Banque de France devait contribuer à l'organisation du *crédit agricole.*

Comment devait-elle y contribuer ? Dans quelle mesure ? Telle était la principale difficulté.

L'école socialiste, ennemie déclarée de la banque privilégiée, exigeait de dures conditions pour le renouvellement du privilège. Elle voulait qu'on profitât de cette circonstance pour accorder des faveurs exceptionnelles à l'agriculture.

M. Jaurès réclamait la fondation d'une grande banque centrale, administrée par des représentants de l'État et par des délégués des conseils agricoles élus au suffrage universel, alimentée par les 40 millions prévus par le projet du gouvernement et par une avance en billets de banque de 500 millions à 1 0/0 d'intérêt. Cette banque centrale devait en outre émettre des obligations gagées par les récoltes et les biens meubles des emprunteurs (1).

La Chambre des députés rejeta cet amendement.

Le projet de M. Jaurès n'était pas acceptable : le crédit agricole, en effet, doit être employé avec mesure ; à cette condition seulement, il peut devenir un élément de richesse et de prospérité. Distribué sans réserve, il exposerait le cultivateur à la ruine.

Tel un cours d'eau sagement dirigé à travers les prairies suffit à les faire verdir ; si le flot est plus abondant, les joncs remplacent l'herbe nourrissante ; mais vienne un torrent impétueux, il ravine la terre végétale, ne laissant après lui qu'un rocher aride et désolé (2).

Il est donc prudent d'écarter ces projets gigantesques qui, avec une générosité toute somptueuse, mettent plusieurs centaines de millions à la disposition de l'agriculture.

D'autre part, il serait dangereux que les capitaux destinés au crédit agricole fussent fournis exclusivement par l'État. Ce système, au lieu de développer l'initiative privée, l'affaiblirait peu à peu au point de l'annihiler.

« Dans cette matière, le besoin doit d'abord naître ;

(1) Discours de M. Jean Jaurès. — Séance de la Chambre du 17 juin 1897.

(2) Louis Durand.

il doit être senti des intéressés. Il faut au moins qu'on trouve chez eux un effort bien déterminé...

« Avant que l'État intervienne, il faut voir surgir ces cellules organiques et primordiales, qui sont le commencement de tout ; ces mutualités, ces associations volontaires, spontanées, qui dénotent chez le paysan le désir sincère d'obtenir du crédit (1). »

Ce résultat une fois opéré, les pouvoirs publics peuvent agir d'une manière efficace et secourir les associations naissantes par des avances de fonds sagement distribuées.

Alors, mais alors seulement, ces secours produiront leur plein effet. Ils donneront une impulsion vigoureuse aux mutualités en formation.

« C'est l'application de la maxime : Aide-toi, l'État t'aidera (2). »

Après l'amendement déposé par M. Jaurès, on peut en citer d'autres ayant la même signification.

L'un d'eux, faisant valoir que les opérations agricoles sont à long terme, demandait que le délai de trois mois fût étendu, que l'on admît à l'escompte de la Banque de France les effets ayant une durée de 9 mois (3).

D'après un autre amendement, notre grand établissement financier devait être autorisé à se contenter de

---

(1) Discours de M. Ribot, président de la Commission chargée d'examiner le projet relatif au renouvellement du privilège de la Banque de France (Séance de la Chambre des députés, 31 mai 1897).

(2) M. Ribot, séance de la Chambre du 31 mai 1897.

(3) M. Viviani, séance de la Chambre du 25 mai 1897.

deux signatures, lorsqu'il se trouvait en présence d'un billet souscrit par un agriculteur et endossé par un syndicat dont tous les membres étaient solvables et solidaires : « Est-ce que, disait-on, la signature de cent personnes aisées n'est pas équivalente à la signature de trois personnes (1) ? »

La Chambre des députés repoussa ces amendements, et nous devons l'en féliciter.

Quelle est, en effet, la première attribution de la Banque de France ? C'est d'assurer une circulation fiduciaire du billet de banque, exempte de toute incertitude, affranchie d'agio. Or les modifications ci-dessus demandées, favorables par elles-même à l'agriculture, seraient peu de chose en compensation du trouble profond qui résulterait de la variabilité des cours du billet de banque.

Cette situation produirait du désordre dans les transactions ; elle serait une source de spéculations dont les agriculteurs seraient peut-être bien les premières victimes.

Dans ces conditions, il est facile de conclure que la Banque de France ne peut, par une modification grave dans ses statuts, s'imposer la charge du crédit agricole. Nous avons un établissement financier réputé le plus solide du monde ; nous avons un billet de banque qui fait prime sur toutes les places étrangères ; dès lors il

_____

(1) M. Jourdan, séance de la Chambre du 24 juin 1897.

serait périlleux de tenter une réforme, si intéressante fût-elle, qui modifiât cet état de choses satisfaisant et qui ébranlât tout l'édifice de notre crédit national.

Ces considérations ont frappé l'esprit de nos représentants : ils ont repoussé à une forte majorité, les amendements que nous avons cités.

II

La Chambre des députés, en rejetant les amendements que nous venons d'indiquer, était-elle hostile au crédit agricole ? Nullement. Sa véritable pensée était celle-ci : la Banque de France doit rester, dans ses attributions et son fonctionnement, étrangère à toute organisation du crédit agricole, mais elle peut lui prêter *son concours financier*.

Le projet du gouvernement réalisait cette idée.

D'après ce projet, les bénéfices résultant pour l'État de la nouvelle convention avec la Banque de France, devaient être affectés au développement du crédit agricole.

La pensée du législateur a été traduite dans le texte suivant :

« ART. 5. — A partir du 1er janvier 1898, et jusques et y compris l'année 1920, la Banque versera à l'État, chaque année, une redevance égale au produit du huitième du taux de l'escompte, par le chiffre de la circulation productive, sans qu'elle puisse jamais être inférieure à deux millions.

« ART. 7. — Est approuvée la convention du 31 octobre 1896, en vertu de laquelle, indépendamment des 140 millions, spécifiés à l'article 6, la Banque s'engage à mettre à la disposition de l'État, sans intérêt, et pour toute la durée de son privilège, une nouvelle avance de *40 millions*. Cette convention est dispensée des droits de timbre et d'enregistrement.

« ART. 18. — Les sommes versées par la Banque, par application des articles 5 et 7, seront réservées et portées à un compte spécial du Trésor, jusqu'à ce qu'une loi ait établi les conditions de création et de fonctionnement d'un ou de plusieurs établissements de crédit agricole. »

Ainsi la Banque de France doit payer à l'État une redevance proportionnelle au chiffre de ses affaires, et qui ne peut être inférieure à deux millions ; elle doit de plus avancer à l'État, sans intérêts, une somme de 40 millions qui lui seront remboursés à la fin de son privilège.

Et d'après l'article 18, ces sommes seront affectées aux établissements de crédit agricole dont nous allons parler dans le paragraphe suivant.

§ 2. — Loi du 31 mars 1899.

En vertu de la loi du 17 novembre 1897, étudiée précédemment, la Banque de France doit verser à l'État une avance de 40 millions et une annuité de 2 millions, destinées à l'organisation du crédit agricole en France.

Mais ces capitaux, comment les utiliser dans la pratique ? Comment les mettre à la disposition des agriculteurs ?

Convenait-il de créer à Paris une banque centrale, qui correspondrait avec les sociétés locales et leur fournirait les ressources dont elles pourraient avoir besoin ? Le souvenir de la Société de crédit agricole de 1860 qui finit par succomber, à la suite de spéculations étrangères à l'agriculture, n'engageait pas à suivre les mêmes errements.

On chercha une autre combinaison ; M. Jules Méline, ministre de l'agriculture, frappé des avantages qu'avaient obtenus les caisses rurales par la mutualité, résolut d'instituer des organismes nouveaux, basés, eux aussi, sur la mutualité, et désignés sous le nom de « Caisses régionales ». Ces établissements favoriseraient le développement des sociétés locales et faciliteraient leur fonctionnement par des avances de fonds sagement distribuées. Ainsi les caisses régionales utiliseraient les capitaux mis à la disposition de l'État par la Banque de France.

Un projet de loi fut donc déposé par M. Méline le 20 décembre 1897. La Commission, élue par la Chambre des députés, lui fit subir quelques modifications. Le nouveau texte fut adopté par cette assemblée le 31 mars 1898 et le Sénat lui donna son approbation dans les séances des 14, 16, 17 mars 1899.

La loi, relative aux caisses régionales, a été promulguée le 31 mars 1899.

Qu'est-ce qu'une caisse régionale ? C'est un orga-

nisme intermédiaire, placé entre l'État et les banques
locales, chargé d'alimenter ces dernières institutions,
en fournissant l'argent nécessaire à la constitution de
leur fonds de roulement, et en escomptant leur portefeuille.

A ce dernier point de vue, les caisses régionales sont
appelées à rendre de grands services aux établissements
de crédit agricole.

Pour s'en rendre compte, il suffit d'examiner la situation actuelle d'une société de crédit qui a consenti
un prêt à un cultivateur : ayant à son tour besoin d'argent, elle endosse le billet souscrit et le fait escompter.
Mais, pour cela, il faut une troisième signature qui
nécessite le paiement d'une lourde commission.

Ici apparaît l'utilité de la caisse régionale. Elle fournira la troisième signature sans demander un surcroît
de frais. La petite société de crédit paiera toujours un
certain escompte, mais elle évitera ces frais de commission qui donnent au prêt agricole un caractère presque usuraire (1).

Cet aperçu nous permet de saisir le mécanisme des
caisses régionales et de commencer l'étude de la loi
elle-même.

« ARTICLE PREMIER. — L'avance de 40 millions de francs et la
redevance annuelle à verser au Trésor par la Banque de France,
en vertu de la convention du 31 octobre 1896, approuvée par la
loi du 17 novembre 1897, sont mises à la disposition du gouver-

(1) Discours de M. Viger, séance du Sénat du 16 mars 1899.

nement pour être attribuées, à titre d'avances sans intérêts, aux caisses régionales de crédit agricole mutuel qui seront constituées d'après les dispositions de la loi du 5 novembre 1894. »

1° Ainsi les capitaux provenant de la Banque de France sont distribués sous la forme de *prêts* et non sous la forme de subventions.

Cette dernière méthode serait, en effet, dangereuse : « L'allocation de sommes d'argent à titre définitif supprimerait le plus puissant ressort des sociétés mutuelles qui est la responsabilité en même temps qu'elle amollirait la vigilance des administrateurs (1). »

Ces libéralités, loin de favoriser le crédit agricole, nuiraient à son développement. Elles énerveraient et paralyseraient l'initiative individuelle.

2° D'autre part, est-ce bien le rôle de l'État de fournir de l'argent aux associations de crédit agricole, même sous la forme de prêts ?

Il serait préférable que ces associations fussent alimentées par des caisses centrales *privées*, comme le Crédit mutuel de Poligny ou la Banque populaire de Menton.

Toutefois nous devons reconnaître que, dans la loi de 1899, les capitaux destinés au crédit agricole ne sont pas exclusivement fournis par l'État. L'avance de 40 millions n'est mise à la disposition des cultivateurs qu'après le versement d'une somme équivalente par les

(1) Projet de M. Méline. *Documents parlementaires*, 20 décembre 1897.

intéressés (voir l'article 3). Avant d'intervenir, l'État exige que les agriculteurs fournissent eux-mêmes un capital de garantie. Il leur demande un effort bien déterminé qui prouve qu'ils ont le désir sincère d'obtenir le crédit.

Dans ces conditions, le secours des pouvoirs publics doit-il être rejeté ? Dans un pays comme la France où l'initiative privée est si lente à se mettre en mouvement, ne semble-t-il pas que cet appui produirait de bons effets, en imprimant une vive impulsion aux sociétés agricoles existantes, en favorisant l'éclosion de sociétés nouvelles ?

3° L'avance de 40 millions et la redevance annuelle seront attribuées aux caisses régionales, à titre d'avances *sans intérêts*.

Cette dispense de tout intérêt a soulevé des critiques qui paraissent fondées.

Sans doute le sentiment qui a guidé les rédacteurs du projet de loi est excellent, puisqu'il a pour objet de faciliter l'expansion du crédit agricole, mais la philanthropie est-elle à sa place dans les questions de banque, d'escompte ou de réescompte ? Le capital est une marchandise qui se prête moyennant un loyer ; convient-il de le supprimer, même dans un but humanitaire ? En faisant des avances gratuites, ne risque-t-on pas de fausser le mécanisme de l'institution à son début (1) ?

(1) Rapport de M. Rayneri au Congrès d'Angoulême. Voir égale-

Il aurait été préférable, comme l'a demandé le Congrès d'Angoulême, que l'État prélevât un intérêt inférieur de 1 0/0 au taux d'escompte de la Banque de France.

La majorité du Sénat partageait cette manière de voir, mais une modification de ce genre entraînait le renvoi du projet de loi à la Chambre des députés, c'est-à-dire un ajournement de six mois, peut-être d'un an. Le Sénat a reculé devant cette conséquence ; il s'est rangé à l'avis de son rapporteur.

« Tout bien pesé, nous avons pensé qu'il y aurait quelque avantage, au moins au début, à encourager la formation de banques agricoles, en leur faisant les avances nécessaires au taux d'intérêt le plus réduit. Or la caisse régionale sera bien moins exigeante, si, au lieu de payer un intérêt même minime des sommes avancées, elle reçoit *gratuitement* les avances dont elle aura besoin pour faire naître et alimenter le crédit local. Cette dispense d'intérêt permettra aux caisses régionales de réduire le taux de l'escompte et de faire bénéficier l'agriculture de cette réduction.

« L'expérience démontrera, après quelques années, s'il est nécessaire d'apporter sur ce point une modification à la loi, telle qu'elle est présentée aujourd'hui (1). »

ment sur le même sujet le discours de M. Milliès-Lacroix au Sénat (séance du 14 mars 1899).

(1) Rapport de M. Lourties sur le projet de loi relatif aux Caisses régionales. *Documents parlementaires du Sénat*, 10 janvier 1899.

« Art. 2. — Les caisses régionales ont pour but de faciliter les opérations concernant l'industrie agricole, effectuées par les membres des sociétés locales de crédit agricole mutuel de leur circonscription et garanties par ces sociétés. A cet effet, elles escomptent les effets souscrits par les membres des sociétés locales et endossés par ces sociétés. Elles peuvent faire à ces sociétés les avances nécessaires pour la constitution de leur fonds de roulement. Toutes autres opérations leur sont interdites. »

Cette disposition nous indique le rôle des caisses régionales : elles sont les réservoirs auxquels s'alimenteront les banques locales. Elles prendront le papier des petites sociétés répandues dans le ressort de leur circonscription, et, grâce au subside qu'elles recevront de l'État, elles pourront escompter ce papier à un taux très modéré.

Sur l'article 2, M. le sénateur Halgan a présenté un amendement ainsi conçu : « Toutes les sociétés locales, quel que soit le régime sous lequel elles sont constituées, pourront bénéficier de la présente loi (1). »

Cet amendement était rationnel ; parmi les banques agricoles, les unes sont régies par la loi de 1867, les autres par la loi de 1894. Elles présentent toutes un caractère de réelle utilité, par suite elles ont droit à la même protection du législateur.

M. Gouin, président de la commission sénatoriale, s'est rangé à cette opinion ; mais il a déclaré que la disposition citée plus haut était inutile, attendu que par

____

(1) V. séance du Sénat, 16 mars 1899.

ces mots « les sociétés locales de crédit agricole mutuel de leur circonscription » on devait comprendre les sociétés fondées sous l'empire de la loi de 1894 et celles établies sous le régime de la loi de 1867 (1).

« ART. 3. — Le montant des avances faites aux caisses régionales ne pourra excéder le montant du capital versé en espèces. Ces avances ne pourront être faites pour une durée de plus de 5 ans. Elles pourront être renouvelées. Elles deviendront immédiatement remboursables en cas de violation des statuts ou de modifications à ces statuts qui diminueraient les garanties de remboursement. »

L'État, en stipulant que le chiffre des avances ne pourra excéder le montant du capital versé, a demandé aux mutualistes un effort personnel d'une certaine importance. Mais cette prescription peut se justifier, si l'on considère que la loi de 1899 est une loi d'expérience, que la prudence s'impose ici plus qu'en toute autre matière (2).

« ART. 4. — La répartition des avances sera faite par le Ministre de l'agriculture sur l'avis d'une Commission spéciale nommée par décret, qui sera ainsi composée :

« Le Ministre de l'agriculture, président ; deux sénateurs ; trois députés ; un membre du Conseil d'État ; un membre de la cour des comptes ; le gouverneur de la Banque de France ou son délégué ; deux fonctionnaires du ministère des finances ; trois fonctionnaires du ministère de l'agriculture ; six représentants des sociétés de crédit agricole mutuel régionales ou locales, choisis

(1) V. Séance du Sénat, 17 mars 1899.
(2) V. le rapport de M. Lourties déjà cité.

parmi les membres de ces sociétés ; trois membres du conseil
supérieur de l'agriculture. »

La commission, élue par la Chambre des députés, a
introduit dans ce texte une légère modification au projet du gouvernement. Celui-ci avait confié au Conseil
d'État le soin de distribuer les fonds provenant de la
Banque de France. Il a paru préférable de remettre
cette charge à des hommes possédant des connaissances
techniques.

« ART. 5. — Un décret, rendu sur l'avis de la Commission, fixera
les moyens de contrôle et de surveillance à exercer sur les caisses
régionales. — Les statuts de ces caisses devront être déposés au
ministère de l'agriculture. — Ces statuts indiqueront la circonscription territoriale des sociétés, la nature et l'étendue de leurs
opérations et leur mode d'administration.

« Ils détermineront la composition du capital social, la proportion dans laquelle chaque sociétaire pourra contribuer à sa constitution, ainsi que les conditions de retrait, s'il y a lieu, le nombre
des parts dont les deux tiers au moins seront réservés de préférence aux sociétés locales, l'intérêt à allouer aux parts, lequel ne
pourra dépasser 5 0/0 du capital versé, le maximum des dépôts
à recevoir en comptes courants et le maximum des bons à émettre, lesquels réunis ne pourront excéder les trois quarts du montant des effets en portefeuille, les conditions et les règles applica-
bles à la modification des statuts et à la liquidation de la société. »

Ainsi les opérations des caisses régionales seront
soumises à un contrôle et à une surveillance. Cette
mesure est excellente ; les associations Raiffeisen en
Allemagne l'ont adoptée depuis longtemps ; elle est de
nature à assurer le fonctionnement régulier des institutions de crédit agricole.

D'après l'article 5, les statuts détermineront la circonscription sur laquelle la caisse devra étendre son action. Cette circonscription sera variable. Dans une région agricole, comme le Nord ou le Pas-de-Calais, elle pourra comprendre un seul département ; ailleurs le rayon sera plus considérable. Des caisses régionales pourront même fonctionner côte à côte, les premières créées ne bénéficiant d'aucun privilège exclusif à l'égard de celles qui se fonderont ultérieurement.

Les statuts devront encore indiquer le maximum des bons à émettre, lesquels réunis ne pourront excéder les trois quarts du montant des effets en portefeuille.

Le bon est un titre d'une valeur déterminée, remboursable à époque fixe et productif d'intérêts. Il est négociable et circule de main en main.

Gagé par le billet de l'emprunteur, l'aval de la société locale et le capital de la caisse régionale, le bon de la caisse régionale offrira au capitaliste toute sécurité et il est certain qu'il se placera facilement. M. Lourties, rapporteur de la commission sénatoriale, a même déclaré que plus tard, quand les caisses d'épargne auront la liberté de l'emploi de leurs dépôts, elles rechercheront ce papier qui constituera pour elles une valeur de tout repos.

« ART. 6. — Le ministre de l'agriculture adressera chaque année au Président de la République un compte rendu des opérations faites en exécution de la présente loi, lequel sera publié au *Journal officiel.* »

La loi que nous venons d'analyser est encore toute récente et déjà une caisse régionale de crédit agricole mutuel s'est fondée à Amiens, à la date du 27 novembre 1898. Cette société a pour dénomination « Caisse agricole de la région du Nord ».

Nous allons citer quelques extraits de ses statuts :

« Le capital social est fixé à un million de francs, divisé en parts de 100 francs, 500 francs et 1000 francs chacune (1).

« Les sociétaires ont droit à un intérêt de 5 0/0 sur le montant de leurs parts.

« Les fonctions des administrateurs sont gratuites. Le Conseil d'administration peut déléguer à l'un de ses membres ou à un directeur étranger les pouvoirs qu'il juge utiles pour l'administration courante de la société ; il détermine ses émoluments.

« La société a pour objet de faciliter et même de garantir les opérations se rattachant à l'industrie agricole, qui seront effectuées soit par les syndicats agricoles et les sociétés coopératives agricoles, soit par des membres de ces syndicats ou sociétés, qu'ils soient ou non sociétaires de la caisse agricole.

« Le concours de la caisse agricole ne pourra être fourni sous une autre forme que par l'escompte d'effets souscrits ou acceptés par des membres de syndicats ou de coopératives, en paiement de fournitures se ratta-

____

(1) Ainsi la souscription se trouve mise à la portée de toutes les bourses.

chant à l'industrie agricole, et endossés par le syndicat ou la société coopérative agricole qui aura effectué la fourniture.

« La société ne pourra jamais détenir sur une même personne pour plus de 5000 francs d'effets, ni escompter d'effets ayant plus d'une année à courir. »

Au moment où nous écrivons ces lignes, la Caisse régionale d'Amiens ne fonctionne pas encore, mais un fait important indique qu'elle commencera bientôt ses opérations : au 15 janvier 1899, le capital social était intégralement souscrit et le nombre des souscripteurs s'élevait à 1575 (1).

La constitution rapide de cette société est un indice précieux : elle enseigne que les cultivateurs ont l'intention manifeste de profiter de la nouvelle loi. En même temps elle donne la certitude que les fonds votés par les pouvoirs publics, ne resteront pas sans emploi (2).

(1) V. le *Progrès agricole* de la région du Nord (5 février 1899). La caisse agricole d'Amiens s'est organisée sur l'initiative de M. Georges Raquet, directeur de la société coopérative de la région du Nord, rédacteur en chef du *Progrès agricole*.

(2) L'Union des syndicats agricoles du Pas-de-Calais a constitué le 29 avril 1899, à Arras, la Caisse régionale agricole du Pas-de-Calais. Tous les syndicats et caisses locales adhérents du Pas-de-Calais étaient représentés.

Après un discours de M. Graux, président, l'assemblée à l'unanimité a décidé le principe de la fondation d'une Caisse régionale.

La caisse est à capital variable et provisoirement au capital de 500.000 francs divisés en parts de 50 francs ; l'intérêt servi à ces parts est de 3 0/0 au minimum; la caisse doit escompter les billets des caisses locales ou les endosser pour les faire escompter par la Banque de

SECTION VIII

Loi de 18 juillet 1898.

La loi du 18 juillet 1898 concède aux cultivateurs un privilège remarquable : elle les autorise à gager les produits de leur exploitation et à conserver *eux-mêmes* la garde de ces produits.

Ce système, appelé *gage sans dessaisissement* est une dérogation aux règles du Code civil. L'article 2076, en effet, exige une condition formelle pour la constitution du gage : le créancier doit être mis en possession de l'objet donné en nantissement.

Pour ce motif d'ordre juridique, le Sénat avait toujours repoussé les propositions relatives au gage sans déplacement.

Les partisans de cette réforme ne se découragèrent pas et leurs efforts furent couronnés de succès.

Le 28 octobre 1897, M. Méline déposait un projet de loi sur les warrants agricoles ; ce projet était adopté par la Chambre des députés dans la séance du 31 mars 1898, et par le Sénat, le 8 juillet de la même année.

France ; le taux de l'escompte ne peut dépasser celui de la Banque de France.

L'assemblée a nommé un bureau provisoire et un conseil d'administration ; la souscription ouverte à l'issue de la réunion a produit immédiatement plus de 30.000 francs.

Cette nouvelle loi a été promulguée le 18 juillet 1898 (1).

I

L'idée qui a formé le point de départ de cette loi mérite d'être connue : il s'agit de permettre aux cultivateurs d'emprunter sur les produits de leur récolte, sans les obliger à déplacer les objets donnés en gage.

Nous avons vu que l'article 2076 du Code civil s'oppose à ce mode d'emprunt. En exigeant le dessaisissement, il rend impossible le prêt sur gage pour les objets encombrants et d'un transport difficile. Il est aisé de déplacer un meuble, un bijou, un objet d'art ; mais quel prêteur voudrait transporter chez lui le rendement d'un champ de blé ?

Sans doute les magasins généraux sont ouverts à tout le monde ; les agriculteurs pourraient y déposer des marchandises ; ils recevraient en échange un bulletin spécial appelé *warrant*, mentionnant la valeur de la marchandise, et susceptible d'être escompté chez les banquiers.

Mais que d'inconvénients entraînerait ce procédé !

Les magasins généraux sont situés dans les villes, à de grandes distances des exploitations fermières.

Les céréales ont un poids et un volume considéra-

---

(1) La loi du 18 juillet 1898 est intitulée : « Loi sur les warrants agricoles ». Le mot *warrant* est emprunté au vocabulaire anglais : il signifie « gage ».

bles. Leur transport occasionnerait des difficultés sans nombre.

Enfin le dépôt de produits agricoles dans les magasins généraux nécessiterait des dépenses onéreuses : frais d'entretien et d'assurance, impôts spéciaux.

II

Telle était la situation du cultivateur français avant la loi du 18 juillet 1898. Les produits de son exploitation ne lui permettaient pas d'obtenir le moindre crédit.

Aussitôt la moisson terminée, il devait solder ses ouvriers, ses fournisseurs. Il n'avait qu'un seul moyen de se procurer de l'argent : c'était de mettre sa récolte sur le marché.

La conséquence de ce phénomène se déduit d'elle-même ; elle découle de la loi de l'offre et de la demande : quand tout le monde veut vendre, les prix baissent et les cours s'avilissent.

Le warrant agricole fait disparaître cet inconvénient. Le cultivateur, ayant obtenu une avance sur les produits de sa récolte, paie ses créanciers et il reste libre de fixer le jour de la vente. Il a le droit de choisir dans le cours de l'année l'époque la plus favorable, celle où les prix auront cessé de s'effondrer sous la multiplicité des offres.

III

Le warrant agricole se rattache au crédit réel mobilier.

Le crédit, en effet, exige des garanties ; ces garanties se trouvent dans les choses ou dans les personnes ; le crédit est réel ou personnel.

Le warrant agricole appartient à la première catégorie : c'est le nantissement à domicile d'un bien mobilier, céréales, vins, cidres, fromages, en un mot toutes garanties d'ordre réel.

Ainsi le warrant agricole constitue une modalité du crédit rural, et même « une modalité importante », suivant le mot de M. Chastenet, rapporteur de la loi à la Chambre des députés.

A ce titre, il rentre dans le cadre de cette étude.

IV

La *nature juridique* du warrant agricole a donné lieu à plusieurs théories intéressantes :

Suivant M. Chastenet, il s'agit là d'un véritable contrat de gage. En effet, « les produits engagés, ayant leur représentation légale dans le warrant, la remise au créancier de ce titre représentatif peut constituer la tradition qu'exigent les principes en matière de constitution de gage. En même temps, il s'est opéré une sorte de *traditio brevi manu*, ou quasi-tradition des produits warrantés eux-mêmes, de telle sorte que le propriétaire de ces produits se trouvera détenir sa propre chose pour le compte du créancier gagiste, et à titre de dépositaire, et avec toutes les conséquences de droit qui en découlent ».

M. Galliet, avocat à la cour d'appel de Caen, a réfuté cette théorie dans une thèse récente ; d'après lui, la loi sur les warrants agricoles n'a pas organisé le gage, mais l'hypothèque mobilière.

M. Galliet pose d'abord le principe suivant : la remise de la chose au créancier par le débiteur forme l'essence même du gage. C'est la théorie admise dans le droit romain , dans l'ancien droit, dans le droit moderne. Le Code civil, dans l'article 2076, exige la mise en possession du créancier gagiste et les grands jurisconsultes MM. Guillouard, Troplong, Aubry et Rau, ainsi que la jurisprudence, soutiennent le même avis.

« Or il est évident que la remise au créancier du titre représentatif ne peut constituer la tradition exigée par les principes en matière de constitution de gage. Elle le pourrait, si les produits warrantés étaient dans un entrepôt ou un magasin général, jouant le rôle du tiers convenu, dont parle l'article 2076. Mais elle ne le peut précisément parce que le débiteur conserve à son entière disposition, dans ses propres magasins ou granges, l'objet du gage. . . . .

« La remise du warrant au créancier est bien une tradition feinte, une tradition simulée, mais ce n'est pas une tradition positive, incontestée, effective et réelle, comme le veulent les articles 1141 et 2279. »

Quelle est donc la nature juridique du warrant agricole ?

« Sans le vouloir, le législateur a ressuscité l'hypothèque mobilière, telle qu'elle existait dans les coutumes de Bretagne et de Normandie, cette hypothèque imparfaite qui ne conférait au créancier qu'un droit de préférence sans droit de suite....

« Par suite, en effet, de la convention qui s'établit entre les parties, le créancier acquiert un droit réel sur les meubles, affectés à l'acquittement de l'obligation, et qui ne sont autres que les produits warrantés ; le créancier a un droit de préférence, puisqu'il est payé directement de sa créance sur le prix de vente, par privilège et préférence à tous créanciers ; son droit est bien un droit accessoire ; ce droit subsiste en entier sur les meubles affectés, sur chacun et sur chaque portion de ces meubles ; donc il est indivisible : *jus est totum in toto et totum in qualibet parte.* Il ne manque donc au créancier, pour avoir sur les produits warrantés une véritable hypothèque, que le droit de suite ; mais ce droit, il ne l'a pas, puisque, en cas de détournement des objets affectés à l'acquittement de l'obligation, par exemple, en cas de vente par le débiteur à un acheteur de bonne foi, il ne peut utilement revendiquer lesdits objets et n'a plus qu'un recours personnel contre le débiteur (1). »

V

L'idée d'une législation spéciale, consacrant le gage à domicile, n'est pas une chose nouvelle.

(1) *Le gage sans dessaisissement et le crédit agricole*, par M. G. Galliet, Caen, Charles Valin, 1899.

Dès 1851, une loi organisait ce système de crédit dans nos colonies et produisait les meilleurs effets. M. Léveillé, dans un discours à la Chambre des députés (séance du 22 juin 1897), déclarait que cette loi était « admirable ». Cet éloge n'est pas exagéré : la loi du 11 juillet 1851 a donné des résultats très favorables, et ses dispositions ont été maintenues par la loi du 24 juin 1874.

Les banques coloniales n'accordent pas d'emprunt sur les produits récoltés, mais seulement sur les récoltes pendantes. Ce gage est fragile ; il peut être facilement détruit. Il semble dès lors que les risques doivent être plus considérables. Les statuts des banques préviennent ce danger en limitant le maximum de chaque prêt au tiers de la valeur probable de la récolte. Par suite la garantie est à peu près complète, le prêteur courant seulement le risque d'une destruction totale de la récolte. Les banques coloniales observent une autre règle : elles n'accordent de prêts aux agriculteurs que durant les quatre mois qui précèdent l'époque de la récolte ; ainsi se trouvent évités un grand nombre d'aléas.

« Le planteur qui veut profiter d'un prêt se rend au siège de la banque et y déclare le nombre d'hectares qu'il a plantés en cannes. La banque a des experts ; elle les envoie visiter les champs des emprunteurs, s'assurer de la bonne venue des cannes et aussi de la moralité des emprunteurs qui sollicitent cette avance de fonds. Lorsque toutes ces formalités ont été remplies, elle leur prête un tiers de la valeur de leurs récoltes futures, au taux de 6 0/0 (1). »

Ce prêt est garanti par l'acte de cession qui est un véritable transfert de propriété consenti à la banque.

Les agriculteurs coloniaux ont beaucoup usé de ces prêts sur récoltes pendantes, qui présentent de grands avantages. Dans l'exercice 1896-1897, les prêts sur récoltes, ouverts par les banques coloniales, se sont élevés à plus de 23 millions pour la Martinique, la Guadeloupe et la Réunion.

VI

En 1856, en 1860, en 1866, il fut de nouveau question de gage sans déplacement.

Le 20 juillet 1882, MM. de Mahy et Léon Say déposaient sur le bureau du Sénat un projet de loi créant le nantissement à domicile.

Ce projet n'était pas spécial à l'agriculture ; il avait une portée plus large. Toute personne, commerçant, industriel, cultivateur, pouvait bénéficier de la nouvelle disposition.

Les formalités à remplir étaient les suivantes : les parties devaient produire une déclaration verbale devant le juge de paix du canton de l'emprunteur ; le contrat devait être transcrit sur un registre spécial tenu par le conservateur des hypothèques de l'arrondissement.

(1) Girault, *Principes de colonisation et de législation coloniales,* Paris, 1895.

M. Oudet combattit le projet de M. de Mahy. Il lui
reprochait de restreindre le privilège du propriétaire,
et de toucher au Code civil.

« Certes, disait l'honorable sénateur, il est louable
de réformer et d'améliorer incessamment notre législa-
lation. Mais, en fait de réformes, notre Code civil n'en
comporte guère dans l'appréciation de ceux qui l'ont
étudié pendant de longues années. »

Le Sénat se laissa toucher par ces arguments, et le
projet tout entier échoua.

En 1897, M. Martinon, député, présentait une proposition intéressante, qui offrait une certaine analogie
avec la question du gage sans déplacement.

« La proposition qui vous est soumise, disait son auteur, aura pour effet de mobiliser les récoltes et de permettre aux cultivateurs de réaliser tout ou partie de
leur valeur, en leur *conservant le droit et la possibilité de
choisir le moment favorable pour la vente.* »

M. Martinon préconisait dans ce but la constitution
de docks greniers, qui auraient condensé la production
des céréales de toute une région. Les dépôts auraient
été figurés par des certificats négociables remis aux
mains des déposants.

M. Martinon s'inspirait de l'exemple des États-Unis
où fonctionne avec succès une institution similaire à
celle des docks greniers. Dans ce pays, les blés sont
amassés dans des récipients spéciaux appelés « éléva-
tors » qui les maintiennent en mouvement perpétuel

pour les préserver des charançons et de la moisissure. Le dépositaire reçoit un bulletin sur lequel sont mentionnés la qualité et la quantité de la marchandise déposée. On lui remet une avance, et lorsque le prix du blé est réalisé, il touche l'excédent qui lui revient.

Cette proposition n'a pas eu de suite.

Le 13 mars 1897, MM Delaunay, Brindeau, Siegfried, Lechevallier, de Folleville, Leteurtre, Breton, déposent sur le bureau de la Chambre une nouvelle proposition intitulée : *Proposition de loi ayant pour but la création et la négociation de warrants agricoles* (1).

Elle est plus simple que le projet de M. de Mahy. Elle autorise les cultivateurs seuls à user du gage sans dessaisissement. Son but essentiel est de permettre aux agriculteurs d'échapper à la vente forcée de leurs récoltes.

Ceux-ci éviteraient cette nécessité, s'ils avaient la faculté d'affecter, sans déplacement, à la garantie des engagements qu'ils souscriraient, les produits de leur exploitation.

Le projet du gouvernement présenté par M. Jules Méline le 28 octobre 1897 s'inspire de la proposition Delaunay. Mais il en diffère au point de vue suivant : il ne reproduit pas les dispositions de la loi du 28 mai 1858 sur les warrants commerciaux.

« Notamment le récépissé qu'on délivre en même

____

(1) *Documents parlementaires* de la Chambre des députés (13 mars 1897).

temps que le warrant commercial et qui sert à transférer la marchandise warrantée indépendamment du gage, mais sous son affectation, n'a pas sa raison d'être, lorsque le gage reste en la possession du propriétaire, qui peut, par tous les modes ordinaires du droit civil, et toujours en réservant le gage qui l'affecte, vendre cette marchandise, ou en faire l'objet d'une promesse de vente (1). »

Le projet de M. Méline a reçu l'approbation du Parlement ; il est devenu la loi du 18 juillet 1898.

VII

Voici le dispositif de la nouvelle loi :

« ARTICLE PREMIER. — Tout agriculteur peut emprunter sur les produits agricoles ou industriels de son exploitation et énumérés ci-dessous, et en conservant la garde de ceux-ci dans les bâtiments ou sur les terres de cette exploitation.

« Les produits sur lesquels un warrant peut être créé sont les suivants : céréales en gerbes ou battues, fourrages secs, plantes officinales séchées ; légumes secs, fruits séchés et fécules ; matières textiles, animales ou végétales ; graines oléagineuses, graines à ensemencer ; vins, cidres, eaux-de-vie et alcool de nature diverse ; cocons secs et cocons ayant servi au grainage ; bois exploités, résines et écorces à tan ; fromages, miel et cires, huiles végétales ; sel marin.

« Le produit agricole warranté reste, jusqu'au remboursement des sommes avancées, le gage du porteur du warrant.

« Le cultivateur est responsable de la marchandise, qui reste confiée à ses soins et à sa garde, et cela sans indemnité. »

(1) *Documents parlementaires* de la Chambre, 3 décembre 1897.

Cet article nous fait connaître les objets susceptibles d'être warrantés à domicile. Dans cette énumération ne figurent pas les *récoltes pendantes par branches et par racines*.

C'est dans le but de sauvegarder le privilège du bailleur. Celui-ci, en effet, fournit au fermier le sol, les bâtiments, les matières premières ; il avance ainsi des capitaux d'une grande valeur. Il est équitable qu'en retour sa créance soit protégée par des sûretés suffisantes. Or les récoltes sur pied constituent l'une de ses garanties les plus solides. Elles font l'objet de la « saisie-brandon », mesure de rigueur que le propriétaire doit employer dans certaines circonstances.

Pour la même raison, le législateur a éliminé de l'énumération *les bestiaux* de toute catégorie. M. Codet, député, avait présenté un amendement qui ajoutait aux objets indiqués plus haut les animaux servant au travail et à la reproduction.

« En France, disait-il, il y a trois classes d'agriculteurs : ceux qui cultivent le blé, ceux qui cultivent la vigne, ceux qui font l'élevage des bestiaux. Ces derniers, par l'exclusion du bétail, ne profiteront pas des avantages de la nouvelle loi ; ils seront complètement déshérités (1). »

M. Chastenet, rapporteur, n'eut pas de peine à défendre le texte de la Commission :

« Le warrant est un titre représentatif ; il lui faut une sécurité complète.

(1) Séance de la Chambre des députés, 31 mars 1898.

« Il faut qu'il s'applique à des objets dont la forme, la qualité, la valeur, sont fixées d'une façon à peu près définitive. Or qu'y a-t-il de moins stable et de plus aléatoire que le bétail (1) ? »

L'expérience justifie ces paroles ; les animaux domestiques sont des objets fragiles, sujets aux accidents et aux maladies contagieuses ; on a vu des troupeaux entiers exterminés en quelques jours par une épizootie.

Mais voici un autre obstacle d'ordre juridique :

« Qui dit warrantage, dit gage : et qui dit gage, dit objets mobiliers. Or le bétail constitue presque toujours un immeuble par destination. Dans ce cas, il peut faire l'objet d'une hypothèque, d'un privilège, mais non d'un gage proprement dit, il ne peut être warranté (2). »

Enfin le dernier argument se rapporte au privilège du propriétaire. Les animaux de travail et de reproduction ne peuvent être warrantés à domicile, car ils constituent une ressource importante pour le bailleur, quand celui-ci se trouve forcé d'avoir recours à la « saisie-gagerie ».

L'amendement de M. Codet n'eut pas de succès ; il fut rejeté par la Chambre des députés.

Le warrant agricole pourrait-il porter sur le *matériel d'exploitation*, en d'autres termes sûr les machines et instruments divers qui garnissent la ferme ? Nous ne le

____

(1) Documents parlementaires de la Chambre des députés, 3 décembre 1897.

(2) Documents parlementaires de la Chambre, 3 décembre 1897.

pensons pas. Si l'emprunteur est propriétaire du fonds qu'il cultive, les objets qui composent le matériel d'exploitation sont, aux termes de l'article 524 du Code civil, des immeubles par destination ; ils ont été placés par le propriétaire du fonds pour le service et l'exploitation du fonds ; pour cette raison ils ne peuvent faire l'objet d'un gage mobilier.

Au contraire, l'emprunteur est-il locataire du fonds qu'il cultive, le matériel d'exploitation forme l'une des principales garanties du propriétaire. Si ce dernier n'est pas payé à l'échéance convenue, il peut faire valoir son privilège et la vente des instruments de culture fournit généralement un prix très avantageux.

Le législateur a refusé au paysan d'emprunter sur les ustensiles qui servent à l'exploitation pour un dernier motif : warranter ces objets, c'est indirectement les aliéner. Or, supposons un fermier qui, à l'automne, emprunte sur sa charrue. sur son semoir. Vient l'hiver, la dure saison où, si les fourrages ont manqué, il est si difficile de nourrir le bétail. Notre fermier ne peut payer à l'échéance ; les instruments qu'il a donnés en gage sont vendus conformément à l'article 10 ; comment au printemps, va-t-il pouvoir faire ses labours et ses semailles ? Son exploitation est arrêtée. Le législateur a évité à l'agriculteur cette triste situation : nous devons l'en remercier (1).

____

(1) M. Galliet, ouvrage déjà cité.

« ART. 2. — Le cultivateur, lorsqu'il ne sera pas propriétaire ou usufruitier de son exploitation devra, avant tout emprunt, aviser le propriétaire du fonds loué, de la nature, de la valeur et de la quantité des marchandises qui doivent servir de gage pour l'emprunt, ainsi que du montant des sommes à emprunter.

« Cet avis devra être donné au propriétaire, à l'usufruitier, ou à leur mandataire légal désigné, par l'intermédiaire du greffier du juge de paix du canton du domicile de l'emprunteur. La lettre d'avis sera remise au greffier qui devra la viser, l'enregistrer et l'envoyer sous forme de lettre recommandée comportant accusé de réception.

« Le propriétaire, l'usufruitier ou le mandataire légal désigné, pourront, dans le cas où des termes échus leur seraient dus, dans un délai de douze jours francs à partir de la lettre recommandée, s'opposer au prêt sur lesdits produits par une autre lettre adressée au greffier du juge de paix et également recommandée. »

Cette procédure, empruntée à la proposition Delaunay, a pour but de maintenir intacts les droits du propriétaire. Elle est claire, rapide, à bon marché. Le bailleur, grâce à la lettre recommandée du greffier de la justice de paix, aura des renseignements complets. Les indications qui lui seront fournies sur la marchandise à warranter, sur le chiffre de la somme à emprunter, lui permettront de se prononcer en connaissance de cause sur l'opération projetée. Et lorsque des fermages seront à payer, il pourra s'opposer au prêt.

Ce droit de veto accordé au propriétaire dans le seul cas « où des termes échus lui seraient dus » a paru insuffisant à un sénateur, M. Théodore Girard.

Voici son argumentation :

D'après l'article 2102, tout ce qui garnit la maison louée est grevé du privilège du locateur ; d'autre part, en vertu de l'article 1er de la nouvelle loi, le produit warranté devient le gage exclusif du porteur du warrant. Ce produit échappe donc au propriétaire ; celui-ci voit diminuer ses garanties.

M. Girard, se basant sur ces considérations, présentait un amendement ainsi conçu :

« Le propriétaire, l'usufruitier ou le mandataire légal désigné pourront, dans le cas où des termes échus leur seraient dus, dans le cas où ce qui garnirait le fonds loué, non compris les objets warrantés, *serait d'une valeur insuffisante*, pour répondre des termes courants, et de ce qui concerne l'exécution du bail, dans un délai de douze jours francs à partir de l'envoi de la lettre recommandée, s'opposer au prêt sur lesdits produits par une autre lettre adressée au greffier du juge de paix et également recommandée (1). »

Le ministre de l'agriculture traduisit d'un seul mot la pensée que lui inspirait l'amendement de M. Girard : « Cette disposition, dit-il, serait l'acte de décès du projet de loi (2). »

Qui ne saisit, en effet, toutes les difficultés que ferait naître l'application d'un tel amendement ? Il est facile de connaître les termes échus ; mais comment déterminer exactement les ressources du fermier ? Pour le

(1) Séance du Sénat, 8 juillet 1898.
(2) Séance du Sénat, 8 juillet 1898.

savoir, on devrait procéder à une estimation dont la publicité gênerait plus d'un cultivateur.

Cet amendement est d'autant moins rationnel que le privilège du bailleur est sauvegardé par la nouvelle loi. On pourrait même dire qu'il est fortifié. Actuellement, en effet, le fermier a toute liberté pour porter ses céréales aux magasins généraux et se faire délivrer un warrant ; il n'a nul besoin du propriétaire. Au contraire, d'après l'article 2 de la loi de 1898, le locataire qui désire emprunter sur sa récolte, est obligé de prévenir le propriétaire.

Celui-ci est au courant des opérations de son fermier, opérations qui, sous l'ancien régime, lui étaient inconnues. De plus il a le droit d'interdire, sous certaines conditions, le prêt lui-même.

Pour ces divers motifs, le Sénat n'a pas accepté l'amendement de M. Girard.

« ART. 3. — Le greffier de la justice de paix inscrira sur les deux parties d'un registre à souche, établi spécialement à cet effet, et d'après les déclarations de l'emprunteur, la nature, la quantité et la valeur des produits qui devront servir de gage à son emprunt, ainsi que le montant des sommes à emprunter.

« Dans le cas où l'emprunteur ne sera point propriétaire ou usufruitier de l'exploitation, le greffier du juge de paix devra, en outre des indications ci-dessus, mentionner la date de l'envoi de l'avis au propriétaire ou usufruitier, ainsi que la non-opposition de leur part, après douze jours francs, à partir de l'envoi de la lettre recommandée.

« La feuille détachée de ce registre devient le WARRANT qui permettra au cultivateur de réaliser son emprunt. »

Nous savons, par cette disposition, comment sera établi le warrant agricole.

Nous remarquons que les indications portées sur ce warrant sont inscrites « d'après la déclaration même de l'emprunteur ».

L'expertise n'est pas indispensable, comme dans la proposition Delaunay. On a pensé que cette formalité occasionnerait des frais et serait connue du public ; elle détournerait les agriculteurs du nouveau mode de crédit.

On a préféré s'en rapporter à la bonne foi des intéressés, et, dans le cas de fraude, on leur appliquera les sanctions du Code pénal.

« Art. 4.—Le warrant doit indiquer si le produit warranté est assuré ou non, et, en cas d'assurance, le nom et l'adresse de l'assureur.

« Les porteurs de warrants ont, sur les indemnités d'assurances dues en cas de sinistre, les mêmes droits et privilèges que sur la marchandise warrantée. »

A ce propos, la commission élue par la Chambre des députés, a introduit une modification grave au projet du gouvernement. Celui-ci, comme la proposition Delaunay, instituait l'assurance obligatoire.

M. le rapporteur a fait ressortir tous les inconvénients de ce procédé :

« Le principe général de l'assurance obligatoire ne saurait être établi que par une législation spéciale et se suffisant à elle-même.

« L'introduire incidemment en matière de warrants, serait substituer à la libre appréciation du prêteur une formalité aussi arbitraire et inefficace que souvent impossible à remplir.

« Qui serait juge de la solvabilité de la Compagnie et de la régularité de l'assurance ? Cette assurance devrait-elle être générale ou spéciale ?...

« C'est au prêteur à exiger l'assurance lorsqu'il le juge utile... (1) »

Ces considérations sont logiques ; elles méritent l'approbation la plus entière. Aussi la Chambre des députés s'est-elle rangée à l'avis de son rapporteur ; elle a adopté le texte de la commission.

« ART. 5. — Les greffiers sont tenus de délivrer à tout prêteur qui le requiert, avec l'autorisation de l'emprunteur, copie des inscriptions d'emprunt faites par l'emprunteur, ou certificat établissant qu'il n'en existe aucune. »

« ART. 6. — L'emprunteur qui aura remboursé son warrant le fera constater au greffe de la justice de paix de son canton. Le remboursement sera inscrit sur le registre à souches prévu à l'article 3, et il lui sera donné un récépissé de la radiation de son inscription. »

« ART. 7. — L'emprunteur peut, même avant l'échéance, rembourser la créance garantie par le warrant.

« Si le créancier refuse ses offres, le débiteur peut, pour se libérer, consigner la somme offerte, en observant les formalités prescrites par l'article 1259 du Code civil ; sur le vu d'une quittance de consignation régulière et suffisante, le juge de paix rendra une ordonnance aux termes de laquelle le gage sera transporté sur la somme consignée.

(1) *Documents parlementaires* de la Chambre, 3 décembre 1897.

« En cas de remboursement anticipé d'un warrant agricole, l'emprunteur bénéficie des intérêts qui restaient à courir jusqu'à l'échéance du warrant, déduction faite d'un délai de dix jours. »

La proposition de M. Delaunay différait sensiblement du texte que nous venons de citer : son auteur demandait la consignation de la somme due à la succursale de la Banque de France la plus rapprochée, qui en demeurait responsable. Cette consignation, dans son idée, libérait la marchandise.

Ce système était préférable à la loi actuelle. Il était plus simple, occasionnait moins de frais : la seule consignation libérait la marchandise. Les droits du prêteur étaient sauvegardés, puisque la Banque demeurait responsable de la somme consignée (1).

En outre, M. Delaunay admettait que la consignation devait comprendre tous les intérêts jusqu'à l'échéance. Cette disposition était rationnelle, car les capitalistes prêtent sur des marchandises à raison de la durée du prêt et de l'élévation du taux de l'intérêt. La menace d'un remboursement anticipé, sans payement de tous les intérêts à échoir, détournera donc les capitalistes et nuira ainsi aux agriculteurs eux-mêmes (2).

« ART. 8. — Les établissements publics de crédit peuvent recevoir les warrants comme effets de commerce, avec dispense d'une des signatures exigées par leurs statuts. »

En effet, le warrant agricole constitue un instrument

(1) M. G. Galliet.
(2) Même source.

de crédit de première solidité. Il est représenté par des
marchandises dont la forme, la qualité et la valeur ont
été fixées d'une façon définitive.

« ART. 9. — L'escompteur ou réescompteur d'un warrant sera
tenu d'en donner avis immédiat au greffier du juge de paix par
lettre recommandée avec accusé de réception. »

Cet article vise le cas suivant :

L'emprunteur a trouvé une occasion favorable pour
vendre ses produits ; il faut qu'il réalise cette opération.
Le warrant agricole n'est-il pas créé pour lui permettre
de vendre ses céréales à meilleur compte ?

Mais avant que la marchandise soit vendue, le prêt doit
être remboursé. A qui s'adresser ? Comment retrouver
le dernier endosseur ? Notre texte établit une règle fort
simple : tout escompteur ou réescompteur d'un warrant sera tenu d'avertir le greffier de la justice de paix.

Cependant une difficulté peut se présenter : « A supposer, dit M. Perrin, que l'emprunteur veuille faire des
offres réelles le 1ᵉʳ octobre au prêteur connu à cette date,
il est très possible que, le jour même où il va remettre
ses fonds à l'huissier pour faire ses offres, le warrant
ait été transmis à un autre et ainsi de suite, en sorte
que le véritable porteur peut toujours être inconnu au
moment où se font les offres.

M. Delaunay, dans sa proposition, prévenait cet inconvénient : avec le récépissé créé par la loi de 1858 à
côté du warrant et dont M. Delaunay demandait le main-

tien, la situation respective de ces titres, l'un représentatif du droit de gage, le warrant, l'autre représentatif du droit de propriété, le récépissé, était réglée de la même façon qu'en matière commerciale. Le cultivateur, propriétaire des marchandises warrantées, pouvait les vendre en en transmettant la propriété par l'endossement du récépissé, les droits du porteur du warrant restant intacts (1).

Comme on le voit, ce système renfermait un avantage précieux : il permettait au cultivateur de vendre à son gré et sans dérangement les produits warrantés.

« ART. 10. — A défaut de paiement à l'échéance, et après avis préalable transmis par lettre recommandée à l'emprunteur, pour laquelle un avis de réception doit être demandé, le porteur du warrant, huit jours après l'avertissement, et sans aucune autre formalité de justice, mais avec les formes de publicité prévues par les articles 617 et suivants du Code de procédure, peut faire procéder par un officier ministériel, à la vente-publique aux enchères de la marchandise engagée. »

« ART. 11. — Le créancier est payé directement de sa créance sur le prix de vente, par privilège et préférence à tous créanciers, sans autre déduction que celle des contributions directes et des frais de vente, et sans autres formalités qu'une ordonnance du juge de paix. »

ART. 12. — Le porteur du warrant perd son recours contre les endosseurs, s'il n'a pas fait procéder à la vente dans le mois qui suit la date de l'avertissement. Il n'a de recours contre l'emprunteur et les endosseurs qu'après avoir exercé ses droits sur les produits warrantés. En cas d'insuffisance, le délai d'un mois lui est imparti, à dater du jour où la vente de la marchandise est réalisée, pour exercer son recours contre les endosseurs. »

(1) M. Galliet, ouvrage déjà cité.

« Art. 13. — Tout agriculteur, convaincu d'avoir détourné, dissipé, ou volontairement détérioré, au préjudice de son créancier, le gage de celui-ci, sera poursuivi correctionnellement comme coupable d'abus de confiance, et puni conformément aux articles 406 et 408 du Code pénal, sans préjudice de l'application de l'article 463 du même Code. »

Telle est la sanction que le législateur a prononcée contre l'infidélité du débiteur. Elle se justifie aisément: l'emprunteur, conservant le gage en sa possession, pourrait le faire disparaître. Il est légitime de prévenir cette infraction par l'établissement d'une pénalité sévère.

Cette sanction n'est pas une nouveauté. Elle figurait dans le projet de M. de Mâhy et dans la proposition de M. Delaunay. Le projet de M. Méline l'a reproduite sans modification.

« Art. 14. — Lorsque, pour l'exécution de la présente loi, il y aura lieu à référé, ce référé sera porté devant le juge de paix. »

Dans la discussion du projet de loi au Sénat, M. Guibourg de Luzinais a manifesté des craintes au sujet de cette attribution spéciale conférée au juge de paix.

Il nous semble au contraire que le législateur a été logique dans cette circonstance, attendu que l'intervention du même magistrat était déjà imposée pour la délivrance du warrant.

« Art. 15. — Un décret déterminera les émoluments à allouer aux greffiers de justice de paix pour l'envoi des lettres recommandées, l'achat et la tenue des registres, ainsi que pour la délivrance des certificats. Il établira, s'il y a lieu, toutes les mesures nécessaires pour l'exécution de la présente loi. »

Nous donnerons plus loin quelques explications sur les décrets qui ont été rendus à ce sujet.

« ART. 16. — Sont dispensés de la formalité du timbre et de l'enregistrement : les lettres prévues aux articles 2, 9 et 10, et leurs accusés de réception ; la souche du registre instituée par l'article 3 ; la copie des inscriptions d'emprunt, le certificat négatif et le récépissé de radiation mentionnés aux articles 5 et 6 de la présente loi.

« La feuille détachée du registre à souche et qui deviendra le *warrant* au moyen duquel le cultivateur réalisera son emprunt, restera soumise au droit commun, c'est-à-dire qu'elle deviendra passible du droit de timbre des effets de commerce (5 cent. par 100 fr.) au moment de sa transformation en *warrant*, et de sa remise, comme tel, au prêteur.

« L'enregistrement (50 cent. par 100 fr.) ne deviendra obligatoire que dans le cas de protêt. »

« ART. 17. — La présente loi sera applicable à l'Algérie. »

VIII

Pour l'application de la loi du 18 juillet 1898, un premier décret, relatif aux honoraires des greffiers de justice de paix, a été publié le 11 août 1898. En raison du chiffre élevé de ces honoraires, le décret a soulevé des protestations unanimes dans la presse, dans les comices et dans les syndicats agricoles (1).

(1) Ainsi pour un warrant de 100 francs, les frais généraux étaient de 4 fr. 15.

Pour un warrant de 1.000 francs ils s'élevaient à 8 fr. 65.

Aussi M. Viger, ministre de l'agriculture, a-t-il nommé une Commission spéciale (1) chargée d'étudier la question.

Après avis de cette commission, un nouveau décret a été publié au *Journal officiel* du 31 octobre 1898, dont voici la teneur :

« ART. 1ᵉʳ. — Il est alloué aux greffiers des justices de paix :

« 1° Pour toute mention sommaire sur le registre autre que le registre à souche : 25 centimes.

« 2° Pour la mention à inscrire au verso de la souche du warrant, après l'escompte ou le réescompte du warrant : 10 centimes.

« 3° Pour toute communication par lettre recommandée (déboursés non compris) : 50 centimes.

« 4° Pour la délivrance de la copie des inscriptions : 1 franc.

« 5° Pour la délivrance du certificat négatif : 50 centimes.

« 6° Pour la mention du remboursement avec délivrance du certificat de radiation : 1 franc.

« 7° Pour l'établissement du warrant, déboursés compris : 10 centimes pour cent (2) (minimum : 50 centimes).

(1) Cette commission était composée des membres du Conseil supérieur de l'agriculture et des deux rapporteurs de la loi, M. le député Chastenet et M. le sénateur Calvet.

(2) Les frais d'établissement du warrant étaient auparavant de 50 centimes pour cent.

« 8° Pour le renouvellement du warrant : 25 centimes. »

Ce nouveau tarif, plus modéré que l'ancien, donne satisfaction aux doléances des cultivateurs.

IX

Quelle sera la conclusion de cette étude ? Est-il possible de certifier que le warrantage à domicile constitue un excellent système de crédit agricole ? Il serait prématuré de se prononcer sur cette question. Avant de formuler une opinion définitive, il faut laisser aux cultivateurs le temps de warranter leurs produits, suivant les conditions de la nouvelle loi.

Toutefois, il est permis d'affirmer, avec les économistes les plus compétents, que le crédit agricole obtenu par le warrantage à domicile est inférieur à celui réalisé par les associations coopératives. En d'autres termes, le crédit agricole *réel* est inférieur au crédit agricole *personnel*.

C'est l'opinion de M. Villey qui s'exprime ainsi :

« Le crédit rural peut être réel dans une certaine mesure, mais dans une mesure limitée et restreinte. Par nature, il est avant tout personnel, c'est-à-dire basé sur la solvabilité de l'emprunteur, sur son respect des engagements, sur son honorabilité (1). »

(1) Congrès de Caen, 1896. — Rapport de M. Edmond Villey sur les conditions essentielles du crédit agricole.

M. Rayneri, vice-président du Centre fédératif, partage le même avis :

« En définitive, mon opinion est toujours que, dans les questions de crédit agricole, il faut en revenir au crédit personnel. Il faut trouver le moyen de procurer le crédit au cultivateur sans l'obliger à recourir à la pratique du crédit sur gage ou crédit réel, qui est une chose ancienne...

« Nous autres, modernes, nous voulons faire mieux : nous voulons donner aux travailleurs des champs la possibilité d'obtenir du crédit sur leurs qualités et leurs vertus professionnelles. Les systèmes coopératifs, soit dans les associations à responsabilité limitée, soit dans les caisses agricoles à solidarité, permettent de distribuer aux plus petits le crédit dont ils ont besoin, sans les obliger à déplacer des marchandises ou à donner des gages (1). »

(1) Congrès de Caen. Rapport de M. Rayneri.

CHAPITRE III

APERÇU DES INSTITUTIONS DE CRÉDIT AGRICOLE QUI FONC-
TIONNENT EN FRANCE.

Nous avons analysé les lois votées par le Parlement pour encourager le crédit rural ; nous allons maintenant jeter un coup d'œil sur les résultats obtenus par l'initiative privée.

§ I

I. — Parmi les sociétés de crédit agricole qui fonctionnent en France, les plus anciennes sont celles de Poligny (1885), de Besançon (1891), de Genlis (1891), de St-Florent-sur-Cher (1891), de Delle (1891).

Toutes ces associations ont été organisées suivant les prescriptions de la loi du 24 juillet 1867 ; ce sont des sociétés anonymes à capital variable.

Voici l'historique de la Caisse de Poligny, qui jouit d'une grande prospérité :

Quelques personnes habitant la Franche-Comté se sont un jour réunies dans le but de venir en aide aux cultivateurs de la contrée. Ces personnes ont formé une société de crédit mutuel où chacune a versé 500 francs en s'interdisant le droit de toucher plus de 3 0/0 de son argent. La société, une fois en possession de ce petit

capital évalué une dizaine de mille francs, a commencé
à fonctionner, et son mécanisme ingénieux mérite d'être
connu :

Les administrateurs examinent les demandes d'emprunt qui leur sont faites. Ils exigent qu'on leur dise à
quoi cet argent sera employé, le réduisent à un maximum de 600 francs, et demandent au paysan emprunteur de se procurer une caution. Si, toutes ces conditions remplies, ils jugent que le travailleur est digne de
crédit, ils se l'adjoignent comme membre en lui faisant
souscrire une coupure de 50 francs.

La société prend ensuite le papier de l'emprunteur
déjà revêtu de sa signature et de celle de la caution, y
appose, elle, société, sa propre signature et le fait
escompter par la Banque de France qui lui donne de
l'argent. La société le repasse à l'emprunteur au taux
de 3 1/2 0/0, en retenant 1 0/0, afin de constituer un
fonds de réserve. Après trois mois, elle fait réescompter
le billet.

Telle est l'histoire du crédit mutuel de Poligny, qui
fonctionne depuis 14 ans, a débuté avec 10.000 francs
de capital, prête aujourd'hui plus de 200.000 francs
par an, et n'a jamais eu de sinistre à déplorer.

La Banque agricole de St-Florent-sur-Cher, fondée
en 1891, à la suite du troisième Congrès du crédit populaire, est établie suivant les mêmes règles que celle
de Poligny. Toutefois à St-Florent, il n'y a pas deux
sortes d'actionnaires, et l'on ne borne pas les opéra-

tions aux seuls sociétaires : les tiers peuvent y participer.

II. — La loi du 5 novembre 1894 a créé un type particulier de société de crédit agricole. La responsabilité est tantôt limitée, tantôt illimitée ; plus souvent elle a le premier caractère. La caractéristique de ces associations est qu'elles ne sont formées que par des syndicats ou des membres de syndicats. Leur nombre est évalué à 75 ; c'est le chiffre indiqué par M. Méline, le promoteur de la loi de 1894 (1).

Une société de ce genre a été fondée à Remiremont, sous l'initiative de M. Méline lui-même. Le capital initial s'élevait à 17.000 francs. Le but était de venir en aide aux membres du syndicat agricole de l'arrondissement, pour leur procurer à crédit des engrais, des semences et des machines.

Selon l'esprit de la loi de 1894, la banque ne remet pas à l'emprunteur le montant de la somme prêtée, mais cet argent doit servir à payer les marchandises achetées au syndicat ou ailleurs. Dans ce dernier cas, le sociétaire signe un billet à son fournisseur, à une échéance correspondant à la réalisation de sa récolte, et la banque escompte le billet.

Au 31 décembre 1895, c'est-à-dire après un intervalle de six mois, cette société avait déjà accordé des avances pour 8.700 francs et son capital était monté à 20.830 francs (2).

(1) Séance de la Chambre des députés, 17 juin 1897.
(2) Congrès de Caen. Rapport de M. Rayneri.

D'autres associations du même modèle se sont créées à Epinal, à Aix-en-Provence, à Montpellier, à Amiens, à Belleville-sur-Saône, à Besançon, à Nîmes.

III. — Il existe encore d'autres institutions qualifiées « à type mixte ». Ces banques, en effet, font des opérations commerciales et agricoles. Elles reçoivent différentes espèces de papier. Le papier des commerçants est une excellente contre-partie pour les dépôts à vue, et le papier des cultivateurs est une contre-valeur tout indiquée pour les dépôts à échéance fixe.

Ce système a produit des résultats merveilleux à l'étranger. Schulze-Delitzsch en Allemagne, et Luigi Luzzati en Italie ont fondé des associations de crédit « à type mixte » qui ont rendu des services innombrables aux travailleurs des villes et des champs.

En France, M. Charles Rayneri a créé à Antibes (Alpes-Maritimes) une banque populaire et agricole qui fonctionne parfaitement. Elle a été organisée le 20 janvier 1895 au capital initial de 15.300 francs divisé en 153 actions de 100 francs souscrites par 64 sociétaires. Après un exercice de 3 mois, le capital s'est élevé de 15 à 18.100 francs ; le nombre des sociétaires est passé de 64 à 75.

Voici sa situation au 30 juin 1897 (1) :

____

(1) Compte rendu de la IIe session du groupe départemental des Sociétés de crédit populaire et agricole des Alpes-Maritimes, Menton, 14 novembre 1897.

Sociétaires.   86
Capital versé . . . .   48.400 fr.
Fonds de réserve . . . .   3.773 » 85
Dépôts. . . · . . . .   52.548 » 20
Caisse . . . .   36.364 » 20
Frais généraux . . . .   4.644 » 45
Bénéfices nets. . . . .   5.925 » 15
Mouvement général des opéra-
tions . . . .   8.717.944 » 45
Portefeuille : Mouvement de l'ex-
ercice . . . .   3.488.375 » 65
Solde au 30 juin 1897. . . . . .   71.662 » 35 (1).

§ II

Les sociétés de crédit agricole que nous avons vues nécessitent pour leur fondation un petit capital ; nous allons étudier le fonctionnement d'autres institutions qui, elles, se constituent sans capital ; nous voulons parler des *Caisses agricoles à solidarité*.

Fonder une institution destinée à prêter de l'argent,

(1) Au 30 juin 1898, la situation de la Banque d'Antibes était la suivante :

Sociétaires.   100
Capital versé. . . . .   74.900 fr. »
Fonds de réserve . . . .   4.303 » 85
Dépôts . . . .   40.302 » »
Caisse. . . . .   42.606 » 35
Frais généraux. . . . .   5.996 » 97
Bénéfices nets. . . . .   6.674 » 75
Mouvement général des opérations . . . .   5.980.522 » 45
Portefeuille : Mouvement de l'exercice . . . .   3.002.887 » 70
Solde au 30 juin 1898 . . . .   104.706 » 20

et ne pas lui procurer de capital, cela paraît singulier ;
mais, d'autre part, « il est peu logique de demander des
fonds à des cultivateurs qui ont besoin d'emprunter (1) ».

I. — Les caisses agricoles à solidarité, plus connues
sous le nom de *caisses rurales*, sont des établissements
de crédit agricole, qui ont été créés en Allemagne vers
1849 par un philanthrope de génie, Frédéric-Guillaume
Raiffeisen. Elles ont produit des résultats tellement
favorables à l'agriculture qu'elles se sont répandues
par milliers, non seulement en Allemagne, mais en
Autriche, en Italie, en Russie.

Elles se sont implantées en France tout récemment
et se sont acclimatées avec une rapidité prodigieuse. Il
est facile de le constater par le tableau qui suit :

C'est en mars 1893 que la première caisse rurale a
été fondée à Langé (Indre) par M. l'abbé Ragu, sur les
indications de M. Louis Durand, avocat à la Cour
d'appel de Lyon. A la fin de cette année-là, on comptait 17 caisses. En 1894, il y en avait 189. Au 31 décembre 1896, leur nombre s'élevait à 516.

L'activité de tous ces établissements est loin d'être la
même. Le nombre de leurs membres varie suivant les
localités. Cependant on est renseigné sur les services
qu'ils rendent aux agriculteurs.

Une statistique des opérations de 209 caisses a été

____

(1) M. Louis Durand.

publiée pour l'année 1895. Il en ressort que ces caisses comprenaient 5.479 membres. Le taux servi aux prêteurs était généralement de 3 0/0. Le taux demandé aux emprunteurs était en moyenne de 4 0/0. Le mouvement des fonds s'était élevé à 1.466. 711 fr. 94. Les prêts en cours à la date de l'inventaire montaient à 500. 166 fr. 35, soit environ 2.400 francs par caisse. Le total de l'actif était évalué 554.343 fr. 02, et les bénéfices 3.553 fr. 24. Les pertes provenant du fonctionnement des caisses rurales en 1895, étaient réduites à 37 fr. 82, provenant de l'inutilisation de quelques capitaux. Les inventaires ne signalaient aucune créance douteuse (1).

Pour l'*exercice 1896*, 309 caisses ont publié le compte rendu de leurs opérations. Elles représentent un mouvement de fonds de 2.289.000 francs, un capital de 893.000 francs entre les mains des agriculteurs au jour de l'inventaire, et un actif de 998.000 francs en chiffres ronds (2).

Depuis cette époque, les caisses rurales ont continué à prospérer, et, au mois de septembre 1897, leur nombre atteignait le chiffre de 600 (3).

(1) Voir le compte rendu du Congrès national des syndicats agricoles réuni à Orléans les 5, 6, 7 mai 1897. Rapport de M. Louis Durand. Voir le *Bulletin mensuel de l'Union des caisses rurales et ouvrières à responsabilité illimitée* de juin 1897.

(2) Même source.

(3) V. *Bulletin mensuel de l'Union des caisses rurales* (septembre 1897). Le 24 décembre 1897, le Conseil d'État a rendu un arrêt qui a

Ces 600 caisses rurales sont groupées dans une *Union* (1) dont le siège est à Lyon. Cette Union, présidée par M. Louis Durand, fournit des renseignements à toute personne désireuse de fonder une caisse rurale; de plus, elle donne à ses adhérents des consultations techniques et contentieuses. Cette combinaison est utile aux caisses agricoles, qui sont souvent administrées par des cultivateurs n'ayant aucune connaissance juridique.

II. — A propos des caisses rurales, nous devons dire un mot des *Caisses centrales.* Elles contribuent à la diffusion du crédit agricole. Parmi les caisses rurales, en effet, les unes ont trop d'argent, les autres pas assez. Les caisses centrales remédient à cet état de choses. Elles centralisent les excédents des institutions trop riches pour les verser à celles qui manquent de fonds.

En Franche-Comté où il y a environ 80 caisses rurales dont le chiffre d'opérations annuel dépasse 200.000 francs, il y a deux caisses centrales florissantes : le Crédit mutuel de Poligny, et le Crédit mutuel du Doubs.

De même dans les Hautes-Pyrénées, il y a une caisse

nécessité des modifications graves dans les statuts des caisses rurales françaises. En raison de cet incident, aucune statistique n'a été publiée pour l'*année 1897*. Pour l'*exercice 1898*, le compte rendu des opérations ne sera connu que vers la fin de mai (Communication de M. L. Durand).

(1) Les 600 caisses rurales, adhérentes à l'Union, sont disséminées dans tous les départements : les Hautes-Pyrénées comptent 97 caisses, le Doubs 82, le Gers 41, les Basses-Pyrénées 34, la Haute-Saône 34, le Pas-de-Calais 32, le Jura 27, la Gironde 22, la Meuse 20, l'Isère 20.

centrale qui, en 12 mois, a trouvé près de 50.000 francs à 3 0/0, et les a distribués à 3 1/2 0/0 aux diverses caisses rurales du département.

Citons également la Banque populaire de Menton, dirigée par M. Charles Rayneri. Sous le patronage de cet établissement, se sont fondées dans les Alpes-Maritimes une banque populaire urbaine, une banque populaire mixte (urbaine et agricole), et 29 caisses rurales dont les principales sont celles de : Cabbé-Rocquebrune, Cagnes, Castellar, Castillon, Gorbio, Moulinet, St-Laurent-sur-Var, Ste-Agnès, Sospel, la Turbie.

Jusqu'au 30 juin 1896, c'est-à-dire pendant le cours de deux exercices, la Banque a fait aux caisses agricoles des avances s'élevant à 116.875 francs au taux de 4 0/0 l'an. Elle reçoit leurs excédents à 3 1/2 0/0 ; ainsi celles des caisses qui n'auraient pas l'emploi immédiat de tous leurs fonds peuvent les placer en toute sûreté et recevoir un intérêt modique, permettant d'éviter une perte et même de réaliser un petit bénéfice.

« La Banque populaire de Menton a fédéré ces institutions dans un groupe départemental qui tient deux assemblées par an et qui a organisé un service d'inspections périodiques, dans le but d'assurer le fonctionnement régulier des sociétés adhérentes (1). »

Ce groupe départemental a tenu sa deuxième session à Menton le 14 novembre 1897. M. Charles Rayneri a

(1) M. Charles Rayneri, *Le crédit agricole par l'association coopérative.*

présenté un rapport sur les institutions affiliées à l'association, et il a relaté la situation des caisses agricoles dont nous avons plus haut cité les noms (1).

Ces caisses agricoles comptaient, au 30 juin 1897, 421 sociétaires. Leurs réserves étaient de 2.692 fr. 79 ; leurs frais généraux, y compris les frais d'installation de quatre d'entre elles, n'avaient pas dépassé 694 francs. Le mouvement général des prêts pendant l'exercice s'était élevé à 134.884 francs, renouvellements compris.

Pendant l'année elles avaient emprunté 83.533 francs et fait face au surplus des prêts par les dépôts d'épargne dont le mouvement avait été de 39.066 francs et par leurs ressources propres. Le mouvement général des opérations avait été de 438.075 francs.

Au 30 juin 1898, les mêmes caisses agricoles comptaient 514 sociétaires. Leurs réserves étaient de 3.722 fr. 50 ; leurs frais généraux s'élevaient à 203 fr. 90. Le mouvement général des prêts pendant l'exercice avait atteint le chiffre de 327.323 fr. 10.

Elles avaient emprunté pendant l'année 192.235 fr. et reçu des dépôts d'épargne pour la somme de 48.328 fr. 99. Le mouvement général des opérations avait été de 586.843 fr. 97 (2).

____

(1) Compte rendu de la IIe session du Groupe départemental des sociétés de crédit populaire et agricole des Alpes-Maritimes. Menton, 14 novembre 1897.

(2) Compte rendu de la IIIe session du groupe départemental des

La caisse d'épargne de Marseille a aussi favorisé la création de sociétés de crédit agricole dans les Bouches-du-Rhône, au moyen de prêts-subventions. Des caisses rurales se sont établies à Trêts, à Fuveau, à Châteaurenard, à Salons, à Eyguières, à Mallemort (1).

Enfin la caisse d'épargne de Lyon a patronné la constitution des banques agricoles de Bessenay, de Mornant ; elle leur accorde des prêts en harmonie avec leurs besoins.

III. — Qu'est-ce qu'une caisse rurale ? C'est une association mutuelle de cultivateurs ayant pour but de se procurer du crédit.

Une institution de ce genre comprend plusieurs organes : un conseil d'administration, un conseil de surveillance, une assemblée générale, un secrétaire-comptable.

Le conseil d'administration statue sur les demandes d'emprunts et sur les offres de prêts. Il se prononce sur les admissions et les exclusions des sociétaires.

Il est généralement composé de trois membres ; l'un d'eux, appelé directeur, est chargé de signer les actes et de représenter la société en justice.

Le conseil de surveillance a la mission de contrôler l'emploi des fonds prêtés. Il doit s'assurer s'ils sont

Sociétés de crédit populaire et agricole des Alpes-Maritimes. Menton, 18 décembre 1898.

(1) Toutes ces caisses rurales ainsi que celles fondées dans les Alpes-Maritimes sous l'influence de M. Rayneri, sont adhérentes au Centre fédératif du Crédit populaire, 14, Rue Montaux, Marseille.

affectés à l'usage convenu d'avance. Il vérifie la tenue des livres et la comptabilité de la caisse.

Le conseil de surveillance comprend cinq membres.

L'assemblée générale des sociétaires se réunit une fois l'an. Elle se fait rendre compte de la gestion des administrateurs, indique le maximum du crédit pouvant être accordé à chaque associé, fixe le taux des emprunts et des prêts et procède à l'élection des conseils d'administration et de surveillance.

Le secrétaire s'occupe de la comptabilité de la caisse. Il prépare les statistiques et tous les documents susceptibles d'être présentés à l'assemblée générale.

IV. — La caisse rurale a des caractères distinctifs, qu'il importe de connaître :

1º Elle se constitue sans capital ;

2º La responsabilité des membres est solidaire ;

3º La caisse rurale ne comprend qu'une seule commune ;

4º Elle ne prête d'argent que pour un usage utile et contrôlé ;

5º Tout emprunteur doit présenter une caution solvable ;

6º Les administrateurs ne touchent aucun traitement, et les associés aucun dividende ;

7º Enfin le remboursement des prêts s'opère par fractions.

V. — La caisse rurale se constitue *sans capital.* En d'autres termes les sociétaires ne souscrivent ni action, ni part sociale.

Les sommes que prête la caisse, elle les emprunte elle-même à des particuliers, et, s'il existe dans la région une caisse centrale, celle-ci fournit des avances aux institutions locales qui manquent de fonds.

De capitaux, la caisse rurale n'en manque jamais ; car elle présente une garantie d'une solidité incomparable, la *solidarité* de ses membres. Ceux-ci sont responsables sur toute leur fortune des opérations de la société.

C'est là un élément d'une puissance merveilleuse. Un cultivateur, par lui-même, offre peu de surface ; mais si vingt, trente, cinquante cultivateurs se liguent pour soutenir sa demande de crédit, s'ils mettent dans la balance tous leurs biens, la surface nécessaire est trouvée. Le prêteur n'a aucune crainte à éprouver ; les adhérents sont nombreux pour couvrir une petite dette.

Cette responsabilité illimitée est la sauvegarde de l'association ; elle constitue sa pierre angulaire, son épine dorsale, suivant le mot de Leone Wollemborg. Qu'on en juge par cet exemple :

Une caisse a prêté 5.000 francs à diverses personnes, 500 francs sont tombés entre les mains d'un paysan insolvable. Comment les rembourser ? Il y a des ressources nombreuses : la caution, la réserve peuvent être utilisées en premier lieu.

Nous supposons que ces garanties se trouvent annihilées. En vertu de la solidarité, un facteur puissant reste tout entier : c'est la fortune intégrale des membres de la caisse. Si l'association se compose de dix fermiers, leur avoir personnel, instruments aratoires, bestiaux, récoltes, s'élève pour le moins à 2.500 francs. Pour dix personnes, le total est de 25.000 francs. Une fortune de 25.000 francs pour solder une dette de 500 francs, n'est-ce pas une garantie de premier ordre ?

Et la responsabilité solidaire n'est pas si lourde qu'on le croirait d'abord. Dans l'hypothèse que nous avons examinée, et qui, dans la pratique, serait une exception, à quel chiffre s'élèverait la perte de chaque sociétaire ? Au dixième de 500 francs, c'est-à-dire à une somme de 50 francs.

Le mot de M. Louis Durand est donc bien vrai : la solidarité est un fantôme effrayant à distance, mais qui s'évanouit quand on l'approche.

La caisse rurale présente un autre trait qui lui facilite la distribution du crédit : c'est une institution essentiellement *locale*, n'embrassant qu'une seule commune ; en d'autres termes, une circonscription territoriale très limitée.

Par le fait, le prêt n'est accordé qu'en parfaite connaissance de cause. Les membres du conseil d'administration ont des indications complètes sur le cultivateur qui se présente pour demander des fonds. Habitant le même village que lui, ils connaissent la valeur de sa maison, l'étendue de ses vergers et de ses terres labourables. Ils sont renseignés sur l'état de ses récoltes, le nombre et la qualité de ses bestiaux. Ils sont au courant de sa gestion, de ses habitudes, de sa tenue.

Une enquête n'est pas nécessaire. La décision des administrateurs est basée sur des éléments d'une certitude absolue.

Ce caractère local permet de *contrôler l'emploi* qui est fait de l'argent prêté. Cet emploi a été spécifié à l'avance ; l'argent n'a été distribué que pour une opération fructueuse, susceptible d'enrichir l'emprunteur. Or les cultivateurs, membres de la caisse rurale, ont intérêt à ce que l'emprunt conserve sa destination normale. En cas de perte, ils devraient payer une quote-part de la dette. Aussi exercent-ils sur l'associé une surveillance attentive.

Il y a une autre surveillance, plus directe, celle de la *caution*. Tout sociétaire qui demande un prêt à la caisse doit fournir une caution, et celle-ci doit être agréée par le conseil d'administration. Un agriculteur sérieux trouve facilement un voisin, un ami, un parent pour lui venir en aide. Au contraire personne ne voudrait intervenir pour un homme mal noté, qui inspirerait des craintes pour le remboursement.

La caisse rurale inspire encore confiance pour un motif particulier, *la gratuité des fonctions* dévolues aux administrateurs. Ceux-ci remplissent leur tâche dans un but désintéressé, par pur dévouement. Par suite, ils n'ont pas d'intérêt à conclure des affaires nombreuses entraînant pour la caisse de gros bénéfices, et pour les administrateurs des « tantièmes » magnifiques. Mais ils doivent rechercher les opérations sûres, à l'abri de tout risque et de tout aléa ; eux aussi sont tenus sur tous leurs biens des dettes de l'association.

Quant aux profits réalisés par l'écart entre le taux des prêts et celui des emprunts, ils ne sont jamais distribués entre les sociétaires ; ils sont affectés à un fonds de *réserve* destiné à couvrir les pertes qui surviendraient.

Si cette réserve devient trop considérable, en d'autres termes si elle atteint un capital suffisant pour les besoins de la caisse, sans qu'il soit nécessaire de recourir à des capitaux empruntés, l'excédent est attribué à des œuvres d'utilité générale.

De même, en cas de dissolution de la société, le fonds de réserve est encore employé à une dépense d'utilité publique (1).

La conséquence économique de ces règles prudentes, c'est que la caisse rurale échappe aux spéculations hasardeuses.

L'opération finale, le remboursement de l'obligation contractée envers la caisse, s'effectue d'une manière remarquable : le paiement s'opère par *acomptes*. Les échéances sont fixées d'après les dates où l'emprunteur réalise ses principales recettes. A ces différentes époques, il est obligé d'amortir sa dette. Ainsi l'emprunt

______

(1) Ces deux dispositions, relatives à l'emploi de la réserve, figuraient dans les statuts des caisses rurales françaises, antérieurement à l'arrêt du Conseil d'Etat du 24 décembre 1897. Nous mentionnerons plus loin cet arrêt.

de production ne peut guère se transformer en emprunt de consommation.

Telles sont les principales garanties offertes par la caisse rurale. Elles justifient le mot de M. Raiffeisen fils au Congrès des Banques populaires de Lyon :

Jamais une institution de ce genre n'a fait faillite ; jamais aucune d'elles n'a fait perdre un centime à ses créanciers ou à ses sociétaires.

VI. — Les résultats économiques ou moraux produits par la caisse rurale sont dignes d'être mentionnés.

Quand un établissement de ce genre est fondé dans une commune, les épargnes populaires y affluent ; « les capitaux, au lieu de s'expatrier dans des entreprises exotiques, fructifient dans les milieux mêmes qui les ont produits (1) ».

Ainsi s'opère dans une certaine mesure la décentralisation de l'épargne.

D'autre part, la caisse rurale met à la disposition des travailleurs des champs un instrument de crédit en harmonie avec leurs besoins, aussi bien au point de vue du taux de l'argent qu'au point de vue des époques de remboursement.

Par le fait qu'elle ramène l'aisance et la prospérité dans les villages, la caisse rurale est considérée comme l'un des remèdes les plus efficaces contre la dépopulation des campagnes.

____

(1) M. Léopold Mabilleau.

La caisse rurale est aussi une école de morale et de probité. Pour entrer dans une telle association, il faut inspirer la confiance. Or celle-ci, comment se mesure-t-elle, sinon par l'ensemble des qualités professionnelles ? Un cultivateur honnête, actif sera accepté comme sociétaire ; le voleur ou le fainéant seront écartés. Aussi être membre de la caisse rurale constitue un brevet d'honorabilité envié par tous les habitants de la commune ; il a même été constaté que des paysans, repoussés une première fois, faisaient les efforts les plus louables pour être jugés dignes de devenir associés.

Enfin la caisse rurale, comme toutes les institutions de crédit, rapproche et unit les habitants d'une même localité. Elle fait disparaître l'égoïsme, éveille dans les cœurs le noble sentiment de la fraternité. Raiffeisen a dit : « La caisse rurale est la pratique de la charité sous sa forme la plus moderne et la mieux appropriée aux besoins des cultivateurs (1). »

VII. — Ces résultats merveilleux que nous venons de transcrire sont-ils conformes à la réalité ? On va en juger.

Il nous a été permis d'en vérifier l'exactitude dans l'enquête que nous avons entreprise sur les caisses rurales du Pas-de-Calais.

La commune de Neulette, située près de St-Pol, possède un établissement du type Raiffeisen fondé par

(1) Voir, au sujet des caisses rurales, le rapport de M. Louis Durand au Congrès de Toulouse.

l'honorable maire de la localité, M. le vicomte de Bizemont. Cette caisse rurale date du 1ᵉʳ juillet 1894.

Les sociétaires sont au nombre de 35.

Le mouvement de fonds, du 1ᵉʳ juillet 1894 au 31 décembre 1897, dépasse le chiffre de 66.000 francs.

Les opérations effectuées par le secours de la caisse rurale sont les suivantes : achats de bestiaux, d'engrais, de terres, de maisons, de constructions diverses ; avances pour paiements de droits de succession, pour purge d'hypothèques.

M. le vicomte de Bizemont a bien voulu mettre à notre entière disposition les registres et pièces de comptabilité concernant la caisse de Neulette. (La statistique des opérations de cette caisse, dressée par les soins du secrétaire-trésorier, se trouve à la fin de ce chapitre.)

M. de Bizemont nous a cité en même temps quelques bienfaits engendrés par cette institution :

« Dans ce pays, disait-il, les ouvriers avaient la coutume de changer de patron chaque année. Depuis que la caisse fonctionne, pas un de nos sociétaires n'a abandonné son maître.

« Auparavant l'emploi des engrais chimiques était à peu près inconnu dans cette contrée ; aujourd'hui il tend à se généraliser.

« Depuis l'origine de la crise agricole, le cours de la propriété foncière avait baissé dans des proportions effrayantes. Une adjudication avait-elle lieu, aucun amateur ne se présentait. Maintenant que la Caisse rurale est

fondée, les paysans trouvent de l'argent à bon compte ;
les acquéreurs sont plus nombreux, et la terre augmente
de valeur.

« Voici dans quelles circonstances le premier prêt
a été accordé :

« Quelques jours après l'établissement de la caisse, le
secrétaire recevait la visite d'un habitant de la commune : « Vous savez, dit-il, que j'ai dû faire soigner
mon fils par les médecins. Ceux-ci me réclament 300 fr.
Comme j'ai du bien, je ne puis les faire attendre. Mais
pour le moment, je n'ai pas de bestiaux en état de vente
avantageuse. Pourrait-on, sur mes cinq vaches, me prêter 300 francs pour trois mois? » — « Cela ne me re-
garde pas, répondit le secrétaire ; mais je veux bien en
parler aux administrateurs. »

« Effectivement ces derniers se réunirent pour examiner le cas. Ils étaient dans un extrême embarras !
Être tous responsables sur tous leurs biens d'une somme
de 300 francs !

« Toutefois, l'un d'eux prit la parole et dit : « Vous
avez affaire à un honnête homme ; il a, outre ses bestiaux, une maison en toute propriété, avec cinq ou six
hectares de terrain. Il offre donc une garantie d'environ
15.000 francs Il n'a pas de dettes, vous présente sa
sœur comme caution, et celle-ci est plus riche que
lui. »

« Ce raisonnement fut approuvé, le prêt consenti,
l'argent versé, les médecins payés comptant.

« Deux mois après, le sociétaire vendait pour 405 fr. une vache qui, au jour de l'emprunt, valait à peine 300 francs. Bénéfice net : 105 francs.

« Voici d'autres exemples :

« Un journalier avait fait une récolte abondante de pommes de terre qu'il ne savait comment utiliser. Il se présente à la caisse, demande 84 francs pour 3 mois, achète six porcelets ; le délai expiré, il rembourse le capital et les intérêts, et reste possesseur de 211 francs.

« Un autre emprunte 70 francs pour 4 mois, achète 4 porcs, et gagne sur l'opération 235 francs. »

Voilà plusieurs faits authentiques qui démontrent l'utilité indiscutable des caisses rurales.

Sous l'influence de M. le vicomte de Bizemont, d'autres institutions du même type ont été créées dans la région du Pas-de-Calais. Citons les caisses d'Humières, Bermicourt, Troixvaux, Hernicourt, Manin, situées dans l'arrondissement de St-Pol; celles de Wimille, Audinghem, Hervelinghem, Ambleteuse, près Boulogne-sur-Mer ; celle de Maintenay, près Montreuil ; celle de Lillers, près Béthune ; celle de St-Omer-Capelle, près St-Omer.

Quelques chiffres nous ont été communiqués par les secrétaires comptables. La caisse de Wimille fondée en 1897 a prêté 2.000 francs dès sa première année. Celle d'Audinghem établie en 1895, a prêté 670 francs pendant la 1re année, 1.330 francs en 1896 et 2178 francs en 1897.

Celle d'Hervelinghem, fondée le 14 juillet 1895 a prêté la première année 623 francs ; en 1896, 1625 fr. ; en 1897, 2221 francs ;

Celle de Maintenay a prêté en 1896 et 1897 la somme de 2000 francs ;

Celle de Lillers en 1896 a prêté 500 francs ; en 1897, 1000 francs ;

Celle de St-Omer-Capelle en 1896 a prêté 1435 francs; en 1897, 1000 francs.

VIII. — La caisse rurale est une institution légale. Nous avons vu, en effet, qu'elle constitue une société en nom collectif à capital variable.

Comme société en nom collectif, elle est soumise aux dispositions du Code de commerce.

Comme société à capital variable, elle est régie par le titre III de la loi du 24 juillet 1867 (Voir dans le chapitre II le commentaire du titre III de la loi du 24 juillet 1867).

Enfin le titre IV de la même loi, qui règle la publicité de toutes les sociétés commerciales, lui est applicable.

On a prétendu que la caisse rurale, société sans capital, manque de l'un des éléments nécessaires pour l'établissement de toute société. En effet, l'article 1832 du Code civil exige que les sociétaires fassent des apports.

La réponse est facile : les apports peuvent consister dans la mise en commun soit d'argent, soit de valeur, soit de toute autre espèce de bien (art. 1833).

Par le fait que la caisse rurale adopte la forme de société en nom collectif, le patrimoine entier des sociétaires devient l'apport social (1).

Le capital, loin de faire défaut, est plus considérable que dans les autres sociétés.

IX., — Cette question de légalité nous engage à mentionner l'arrêt du Conseil d'État qui a été rendu le 24 décembre 1897.

Il s'agissait de la caisse rurale de Sermérieu (Isère).

Un contrôleur des contributions directes l'avait frappée de la patente pour l'année 1894. Il se basait sur ce motif que les statuts attribuaient éventuellement les excédents de bonis à une œuvre étrangère à la société.

Le Conseil de préfecture de l'Isère, devant qui l'affaire fut portée, donna gain de cause à l'administration (12 juillet 1895). C'est alors que le directeur de la caisse de Sermérieu se pourvut devant le Conseil d'État.

L'affaire était grave ; en effet, elle présentait un intérêt général, attendu que les statuts des caisses rurales françaises étaient identiques aux statuts de la caisse de Sermérieu.

Le fisc réclamait une patente de 244 francs. L'application d'une telle taxe aux caisses agricoles, c'était la ruine pour la plupart de ces institutions. Quelques-unes seulement réalisent un boni dépassant le chiffre de 100 francs. Aussi le Congrès du crédit populaire

(1) M. Charles Rayneri, *Le crédit agricole par l'association coopérative*.

tenu à Lille en 1897 se prononça-t-il énergiquement contre la nouvelle mesure (1).

De même le Congrès national des syndicats agricoles réuni à Orléans en mai 1897 (2), le groupe départemental des sociétés de crédit populaire des Alpes-Maritimes, dont le président est M. Rayneri, se prononcèrent dans le même sens que le Congrès de Lille.

Voici le vœu émis par l'assemblée sous la présidence de M. Rayneri :

« Le Congrès,

« Considérant que les caisses agricoles constituent une des applications les plus pures de la mutualité ; que leurs opérations fondamentales consistent dans la réalisation partielle et anticipée de récoltes, et qu'elles écartent par principe toute idée de spéculation et de lucre ; que les bénéfices modiques qu'elles réalisent suffisent à peine à couvrir les frais généraux et à former lentement un fonds de réserve ;

« S'associe aux vœux précédemment émis par les congrès, ayant pour but de dispenser de la patente et de l'impôt sur le revenu les associations coopératives de crédit qui ne font d'opérations qu'avec leurs sociétaires (3). »

Le 24 décembre 1897, le Conseil d'État se prononça :

(1) V. Congrès de Lille, 1897.
(2) V. Compte rendu du Congrès des syndicats agricoles d'Orléans, 1897.
(3) V. Compte rendu de la IIe session du groupe départemental. — Menton, 14 novembre 1897.

il confirmait la décision du Conseil de préfecture de l'Isère et déclarait que la caisse rurale de Sermérieu avait été taxée à bon droit. Voici le dispositif de l'arrêt :

« Au fond, considérant d'une part qu'il résulte des termes mêmes des statuts que la caisse rurale ne se borne pas à demander à des bailleurs de fonds étrangers les capitaux nécessaires à la réalisation des emprunts contractés par ses membres, mais qu'elle reçoit des dépôts à terme ou à vue, et qu'elle se livre à des opérations rentrant dans l'exercice de la profession d'escompteur ;

« Considérant d'autre part que les bénéfices assurés à la société par la différence entre l'intérêt qu'elle sert aux prêteurs et celui qu'elle reçoit de ses membres, sont employés à la constitution d'un fonds de réserve ; que ce fonds, destiné à couvrir les déficits et à réduire le taux de l'intérêt, et qu'elle pourrait répartir entre les associés au prorata de leurs opérations, reçoit une autre affectation ; qu'en effet les statuts, en prévision du cas où la réserve atteindrait un capital excédant les besoins sociaux, prescrivent de disposer de cet excédent en faveur d'une œuvre étrangère à la société ; qu'ainsi la requérante n'est pas fondée à soutenir qu'elle a pour but unique de procurer à ses membres le crédit qui leur est nécessaire, qu'il suit de là que c'est à bon droit qu'elle a été imposée et maintenue à la contribution des patentes, et que sa requête doit être rejetée. »

X. — Que faut-il penser de la question soumise au Conseil d'État ?

« 1° Il semble en réalité que la première chose à considérer était celle-ci : la caisse procurait-elle du crédit au *public*, en réalisant un *bénéfice* sur le public ? Alors on pouvait la frapper de la patente.

« Etait-ce bien le cas de la caisse rurale de Sermérieu ? Les associés ne procuraient du crédit qu'à *eux-mêmes*, en réalisant une *économie* sur les frais d'emprunt...

« 2° Une clause des statuts attribuait éventuellement, il est vrai, les excédents de bonis à une œuvre d'utilité publique, étrangère à la société. Mais cette disposition exposait-elle la caisse rurale à la patente ? La patente est une taxe sur les bénéfices présumés, réalisés par un commerçant dans son commerce. Or la clause que nous avons citée exclut toute pensée de lucre ou de bénéfice, ce qui constitue l'essence du commerce (1). »

3° Cette doctrine est celle que développait M. Méline dans une réponse très nette à une question relative à la patente des sociétés coopératives :

« Tant que la société coopérative reste enfermée dans ses limites naturelles, ne fait d'opérations qu'entre ses membres, le fisc n'a pas à se mêler de ses affaires..... Mais aussitôt qu'une société coopérative fait des opérations avec des tiers, *dans un but commercial, en vue d'un bénéfice*, à partir de ce moment, cette société change de caractère, et il est absolument naturel et juste qu'elle soit soumise au droit commun (2). »

(1) La Jurisprudence municipale et rurale, second fascicule de 1898.
(2) Séance de la Chambre, 24 novembre 1897.

XI. — Le Conseil d'État ayant rendu sa décision, les caisses rurales ont modifié leurs statuts en se conformant au texte même de l'arrêt.

Citons quelques-unes des dispositions qui figurent dans les nouveaux règlements : .

1° Le Conseil d'État reconnaît aux caisses rurales le droit d'emprunter à des étrangers.

Que dit, en effet, l'arrêt ?

« Considérant que la caisse rurale *ne se borne pas* à demander à des bailleurs de fonds étrangers les capitaux strictement nécessaires à la réalisation des emprunts contractés par ses membres... »

Si donc la caisse *se bornait* à emprunter, même à des étrangers, elle ne paierait pas la patente.

2° Les caisses rurales ne peuvent emprunter à des non-sociétaires des capitaux dont la somme dépasserait le chiffre nécessaire pour consentir des prêts à leurs membres.

3° Il est défendu aux caisses rurales de recevoir des dépôts à terme ou à vue.

4° Il est interdit aux caisses rurales de se livrer à des opérations rentrant dans l'exercice de la profession d'escompteur.

Cette disposition vise le billet à ordre dont les caisses n'usaient presque jamais. Cependant les statuts en autorisaient l'usage dans des cas exceptionnels.

5° Les excédents de bonis ne peuvent être attribués à une œuvre étrangère à la société.

A ce sujet, les nouveaux statuts ont adopté la disposition suivante conforme à la doctrine du Conseil d'État (1) : « Quand la réserve atteint le quart du capital suffisant aux opérations de la caisse, *le taux des prêts est abaissé* par le Conseil d'administration, de manière que la caisse ne réalise que les bénéfices nécessaires pour couvrir les frais généraux. »

6° En cas de dissolution, la réserve devra servir à rembourser les intérêts payés par les associés dans la dernière période de fonctionnement de la caisse rurale.

La question de l'emploi de la réserve avait soulevé des difficultés. Comment concilier, en effet, la doctrine de Raiffeisen qui interdit le partage des bénéfices entre les associés, avec la décision du Conseil d'État (2) ?

On s'arrêta à la clause ingénieuse que nous avons indiquée.

Ainsi l'idée du fondateur des caisses rurales, l'esprit de Raiffeisen est conservé dans toute sa pureté ; personne ne reçoit, même en cas de dissolution, plus d'argent qu'il n'en a payé à titre d'intérêts (3).

---

(1) « Considérant que le fonds de réserve, destiné à couvrir les déficits, *et à réduire le taux de l'intérêt*, reçoit une autre affectation » (Arrêt du Conseil d'État du 24 décembre 1897).

(2) « Considérant que le fonds de réserve *qu'elle pourrait répartir entre les associés au prorata de leurs opérations*, reçoit une autre affectation « (Même arrêt que ci-dessus).

(3) Ces diverses modifications ont été faites sous l'initiative de M. Louis Durand, président de l'union des caisses rurales françaises. V. *Bulletin* de cette union, janvier 1898.

Comme on le voit, les nouveaux statuts ont été calqués sur les termes de l'arrêt du Conseil d'État. Ils assurent la sécurité des caisses rurales, qui sont désormais à l'abri des poursuites du fisc.

Nous devons ajouter que cet incident n'a pas nui à la prospérité des caisses rurales. Au mois de janvier 1898, beaucoup de ces institutions avaient déjà modifié leurs statuts et continuaient à fonctionner.

STATISTIQUE

DES OPÉRATIONS DE LA CAISSE RURALE DE NEULETTE

NOM DE LA CAISSE	RENSEIGNEMENTS GÉNÉRAUX						MOUVEMENT DE CAISSE			ACTIF		PASSIF		PROFITS ET PERTES			
										Prêts aux sociétaires		Comptes de dépôts		A la fin du précédent exercice		Résultats du présent exercice	
	Années	Nombre des membres	Date de l'inventaire	Durée de l'exercice	Taux moyen des dépôts	Taux moyen des prêts	Recettes	Payements	Total	Nombre	Montant	Nombre	Montant	Excédent	Déficit ou frais de premier établiss'	Bénéfices	Pertes
Neulette	1894	22	31 déc.	6 mois	3 °/°	4 °/°	3.443 75	3.361 95	6.805 70	12	2.579 95	3	2.384 28	»	81 50	3 50	»
490 H	1895	28	id.	12 m.	id.	4 °/°	9.619 05	9.619 05	19.238 10	37	7.741 50	9	4.969 81	»	»	40 70	»
(Pas-de-Calais)	1896	32	id.	id.	id.	3.50 °/°	9.740 15	9.740 15	19.480 30	38	5.449 25	17	7.142 00	»	»	79 85	»
	1897	35	id.	id.	id.	3.50 °/°	10.409 25	10.409 25	20.818 50	33	2.913 10	22	7.033 45	»	»	110 00	»
Totaux..	»	»	»	»	»	»	33.212 20	33.130 40	66.342 60	120	18.683 80	51	21.529 54	»	81.50	284 05	»

APPENDICE

LE CRÉDIT AGRICOLE A L'ÉTRANGER.

L'Angleterre.

L'Angleterre est le premier pays où les classes rurales ont obtenu du crédit. C'est vers 1746 (1) que les banques écossaises ont ouvert des comptes courants en faveur des cultivateurs qui pouvaient présenter deux cautions solvables.

Ce système appelé « Cash-Crédit », a rendu de grands services à l'agriculture anglaise ; mais il diffère des institutions de crédit populaire qui fonctionnent dans les autres pays de l'Europe. Il n'a pas la portée sociale, le caractère moral et philanthropique que l'on trouve notamment chez les caisses Raiffeisen. C'est une affaire de banquier, destinée à réaliser des bénéfices sur les emprunteurs.

« Les fermiers écossais qui tirent profit du Cash-Crédit, ne correspondent nullement aux petits cultivateurs auxquels il s'agit aujourd'hui de donner un appui financier en créant le crédit agricole. Ce sont des agriculteurs en bonne assiette, entreprenant de grandes

(1) Rapport de M. Macléod au Congrès de Caen.

exploitations qui leur sont assurées pour un bail de 19 ans (1). »

« Le montant du prêt accordé par le Cash-Crédit atteint en moyenne les sommes de 200 et 500 livres sterling. Le minimum ne descend jamais au-dessous de 50 livres sterling, soit 1.250 francs (2). »

Ce chiffre élevé nous permet de discerner le caractère spécial du Cash-Crédit ; il forme un procédé avantageux pour distribuer le crédit aux cultivateurs de condition moyenne « aux modérément aisés » suivant l'expression de M. Wolf ; mais il n'est pas accessible aux personnes plus humbles, ayant besoin d'une faible somme d'argent.

Pour ces motifs, le Cash-Crédit est inférieur au système adopté par les associations coopératives de crédit, qui accordent des prêts aussi minimes que les circonstances l'exigent, qui agissent dans des vues de solidarité plutôt que de bénéfice (3).

La Belgique.

En Belgique, des hommes éminents ont entrepris d'organiser le crédit agricole. Citons parmi eux, M. d'Andrimont, président de la Fédération des banques populaires belges, M. Micha, secrétaire général de cette association, M. Lepreux, directeur de la Caisse natio-

(1) Rapport de M. Wolf au Congrès de Bordeaux.
(2) Note de M. Henri Wolf. V. Congrès de Caen.
(3) V. à ce sujet la résolution votée au Congrès de Caen, 1896.

nale d'épargne et de retraite, M. l'abbé Mellaerts, fondateur de la ligue des paysans belges.

Dans ce pays, des lois réformatrices ont été votées pour propager les institutions de crédit agricole. La première disposition de ce genre date du 15 avril 1884. Elle autorisait la Caisse d'épargne et de retraite à prêter des fonds à l'agriculture par l'intermédiaire de comptoirs (1). Le conseil général de la caisse devait fixer le taux de l'intérêt et les conditions des prêts. Une commission annuelle, nommée par le ministre des finances, avait la mission de vérifier si les statuts de la Caisse d'épargne et des comptoirs avaient été respectés, et si les garanties offertes aux déposants subsistaient toujours.

Cette loi n'a pas produit les résultats espérés, et l'une des raisons de son insuccès était qu'on avait imposé une réglementation trop sévère aux comptoirs (2). Ceux-ci à leur tour étaient trop exigeants à l'égard des emprunteurs. Aussi les prêts étaient-ils rares.

Une nouvelle loi sur le même sujet a été promulguée le 21 juin 1894. La Caisse nationale d'épargne a la faculté d'employer une partie de ses disponibilités en prêts directement consentis aux agriculteurs et aux sociétés coopératives de crédit agricole (3).

(1) Les comptoirs étaient des associations de propriétaires qui avaient la mission de distribuer le crédit aux cultivateurs.

(2) La responsabilité solidaire était imposée aux membres du comptoir ; et cette responsabilité s'étendait à tous les fonds avancés par la Caisse d'épargne.

(3) En exécution de la loi de 1894, le Conseil général de la Caisse

Ainsi l'intervention des comptoirs n'est plus nécessaire, et les difficultés qui s'opposaient à l'application de l'ancienne loi n'existent plus.

Cette mesure est favorable à la décentralisation de l'épargne, et au développement des institutions de crédit rural.

Sous l'influence de M. d'Andrimont, il s'est fondé en Belgique des établissements de crédit populaire et agricole. Telles sont les Banques de Liège, Verviers, Gand, Namur, Charleroi, Anvers, Dinant, Malines.

Ces banques populaires comprennent parmi leurs membres des commerçants, des employés, des artisans et un certain nombre de cultivateurs. La banque populaire de Liège, au 31 décembre 1895, comptait 30 agriculteurs ; celle de Verviers 171 fermiers (1).

Enfin des caisses Raiffeisen ont été organisées par M. l'abbé Mellaërts.

D'après une statistique publiée le 30 juin 1895, 21 de ces caisses avaient commencé leurs opérations de prêts agricoles. Elles avaient 787 membres ; leurs avances s'étaient élevées au chiffre de 223 et atteignaient la somme de 70.399 fr. 25 (2).

d'épargne a mis un crédit de 100.000 francs à la disposition des caisses rurales (V. Congrès de Lille. Rapport de M. Lepreux).

(1) Rapport de M. Micha au Congrès de Caen.

(2) En 1896, le nombre des caisses fondées par M. l'abbé Mellaërts s'est élevé au chiffre de 101. Trois caisses centrales ont été créées. La caisse centrale du Hainaut, celle de Liège, celle de la Ligue des Paysans à Louvain. V. Congrès de Lille (1897).

En résumé, on doit constater que la prospérité des banques agricoles belges est loin d'égaler celle des banques françaises.

M. Graux, le promoteur de la loi belge de 1884 fait ressortir le motif de cet insuccès : l'esprit national, en Belgique est pour ainsi dire réfractaire à l'idée du crédit mutuel.

« Les cultivateurs se défient de l'emprunt ; ils le considèrent souvent comme le premier pas vers la ruine. Quand, dans un village, on apprend qu'un cultivateur emprunte, immédiatement l'opinion qu'on a de sa situation s'amoindrit. »

Ainsi s'exprime M. Graux et son témoignage suffit pour expliquer le peu de développement des institutions de crédit agricole chez nos voisins.

L'Allemagne.

L'Allemagne est la terre classique du crédit agricole. Dans ce pays fleurissent les institutions les plus nombreuses et les plus prospères.

« Au 1ᵉʳ avril 1897, on comptait 9.938 caisses de crédit rural personnel ; le chiffre total de leurs affaires était évalué à un milliard et demi (1).

« L'esprit d'association, qui est fort développé en Allemagne, a contribué à cette expansion merveilleuse.

« Pour produire, pour vendre, pour se défendre contre

(1) M. Georges Blondel, *Etude sur les populations rurales de l'Allemagne et la crise agraire* (V. la section rédigée par M. Julhiet).

la baisse des prix, pour lutter contre la concurrence étrangère, les Allemands se sont associés (1). »

Après les sociétés coopératives, viennent d'autres associations connues sous le nom de *Bauernvereine*, groupements destinés à unir les agriculteurs de toutes les conditions sociales et à les rapprocher par la communauté des intérêts professionnels. Les adhérents sont nombreux ; quelquefois ils atteignent le chiffre de vingt mille.

On distingue aussi les *Bauernbunde* ou ligues de paysans. Ce sont des associations agricoles ayant une tendance politique et formées en vue de la lutte. Leur but est de faire triompher par tous les moyens, même par l'agitation des masses populaires, les desiderata du parti agraire, tels que la réglementation du prix des céréales, l'interdiction des marchés à terme à la Bourse (2).

Enfin il faut citer les associations de crédit ; celles-ci s'occupent de crédit réel ou de crédit personnel.

I

Le *crédit réel* tient une place importante : d'après une statistique publiée au 1er janvier 1898, les obligations foncières émises par les établissements de crédit réel représentaient une somme de 8.241 millions de marks (3).

(1) M. Blondel.
(2) Même source.
(3) M. Maurice Block, *Une crise de la propriété rurale en Allemagne et l'organisation du crédit agricole* (1898).

Parmi les institutions de crédit réel, on distingue en premier lieu les *Landschaften*.

C'est au mois d'août 1769 que la première Landschaft a été fondée. A la suite de la guerre de 7 ans et des campagnes de Frédéric II, les champs étaient dévastés et l'agriculture végétait misérablement. Un négociant du nom de Büring proposa un remède à cette situation : l'association entre les propriétaires fonciers, habitant un même territoire. Que ces propriétaires se réunissent, qu'ils répondent les uns des autres et ils obtiendront des capitaux !

L'idée fut soumise à Frédéric II qui l'approuva. Des Landschaften furent fondées en Silésie, en Poméranie, dans la Prusse orientale et occidentale. D'abord peu nombreuses, elles se développèrent ensuite avec rapidité, notamment dans ce siècle.

Une Landschaft est donc une association entre propriétaire de biens fonciers, ayant pour but de procurer du crédit hypothécaire aux membres de l'association, et reposant sur la solidarité de tous les sociétaires.

Les emprunts prennent la forme d'obligations foncières, au porteur, se négociant à la Bourse, et portant le nom de lettres de gage.

La caisse de l'association perçoit les intérêts versés par les débiteurs et les paie aux créanciers, porteurs des lettres de gage.

Le montant des lettres de gage est dû par l'ensemble de la Société. Chaque propriétaire est responsable sur toute sa fortune des dettes de l'association. Toutefois dans les Landschaften récentes, le principe de la solidarité n'est plus appliqué, on a établi des fonds de garantie spéciaux.

Les Landschaften font des avances jusqu'à concurrence de la moitié de la valeur de l'immeuble engagé ; quelquefois le prêt s'élève jusqu'aux deux tiers de cette valeur.

Voici le mécanisme de l'institution :

La personne qui désire une avance fait dresser un acte authentique dans lequel elle se reconnaît débitrice de la somme à emprunter et des intérêts convenus. De plus elle s'engage à observer tous les devoirs que lui impose le règlement de la société. Enfin elle offre son immeuble comme garantie de son obligation.

Après cela, la lettre de gage est signée par un directeur de la Landschaft. Celui-ci remet à l'emprunteur la lettre de gage en nature ou le montant de sa valeur. A la St-Jean et à la Noël, le débiteur verse les intérêts et l'amortissement à la caisse de l'association. Si, le délai expiré, il n'a pas payé la somme convenue, la Landschaft emploie des moyens de contrainte. A cet égard, elle jouit d'un privilège remarquable : elle peut, sans l'intervention des tribunaux, mettre l'immeuble sous séquestre et même le vendre.

Les Landschaften sont dans une situation prospère. Au mois de janvier 1898, les lettres de gage émises par les diverses Landschaften représentaient une valeur totale de 2.200 millions de marks (1).

Parmi les établissements de crédit réel, il faut encore citer « les Banques foncières fondées par les États ou les Provinces ».

Ces banques foncières se procurent les fonds qui leur sont nécessaires en employant les ressources qui proviennent du gouvernement (Etat ou province), en utilisant leurs réserves, et surtout en émettant des lettres de gage.

Tandis que les Landschaften visent surtout la grande propriété, les banques des Etats ou des provinces s'occupent spécialement de la petite (2).

Les « banques hypothécaires par actions » forment une autre catégorie d'établissements de crédit foncier. Elles ont été créées depuis une trentaine d'années, à la suite du développement des sociétés anonymes.

Ce sont, en effet, de véritables sociétés anonymes, servant d'intermédiaires entre les prêteurs et les emprunteurs, par l'émission d'obligations foncières. Ici le capital propre des banques constitue la seule garantie des prêteurs.

Ces institutions sont florissantes ; au 1er janvier 1898, elles avaient émis des lettres de gage pour 5.141 millions de marks (3).

(1) M. Maurice Block, ouvrage déjà cité.
(2) Même source.
(3) *Id.*

Nous devons dire un mot des « banques de prêt pour les améliorations culturales ou rurales ».

Elles n'interviennent que dans les cas spéciaux : quand il s'agit de travaux urgents tels que drainages, irrigations et que le propriétaire, déjà endetté, est privé de tout crédit foncier. Elles accordent le prêt nécessaire pour l'entreprise, mais à la condition que le créancier, premier inscrit, laisse primer son hypothèque par celle de la banque. Ce créancier n'y perd rien, car l'immeuble gagne une plus-value supérieure à la nouvelle dette.

II

A côté de ces institutions destinées à distribuer le crédit réel, il existe d'autres associations plus intéressantes, plus nombreuses, qui distribuent *le crédit personnel*.

Elles revêtent la forme de trois types principaux que nous allons décrire successivement : 1° le type Schulze-Delitzsch ; 2° le type Raiffeisen ; 3° le type Haas.

Caisses Schulze-Delitzsch.

Les caisses Schulze-Delitzsch, ainsi appelées du nom de leur promoteur, ont été fondées en 1850. Ce sont des sociétés de crédit, qui avancent des capitaux à leurs adhérents. Les ouvriers des villes et des campagnes, les commerçants, les employés ont accès dans les établissements Schulze. C'est un trait caractéristique qui les sépare des caisses Raiffeisen, lesquelles sont des banques exclusivement agricoles.

La banque Schulze-Delitzsch (Vorschussverein) est *administrée* par un comité élu par l'assemblée générale des sociétaires, élu pour 3 ans, comprenant un président, un caissier, un contrôleur et neuf assesseurs.

La *responsabilité* des membres est illimitée. « Ce principe, disait Schulze, obligera chacun à contrôler ses associés et à se surveiller soi-même. »

L'expérience a justifié ces assertions. La solidarité a engendré chez les emprunteurs des habitudes d'ordre d'économie, de régularité ; et ces qualités ont contribué dans une large mesure au succès des « Vorchussve-reine ».

Les banques Schulze *reçoivent de l'argent*, soit de leurs sociétaires, soit de personnes étrangères.

Pour faire partie de l'association, on doit acquitter un droit d'entrée (10 marks au maximum, soit 12 fr. 50). Le nouvel adhérent a la facilité de solder le droit d'admission par petites fractions, payables mensuellement.

En second lieu, il faut souscrire une part sociale ou « part d'affaires ». Celle-ci est en moyenne de 200 thalers (750 fr.). Elle peut s'élever à 1.000 marks (1.250 fr.). Elle ne descend pas au-dessous de 40 thalers (50 fr.). Cette part sociale n'est pas l'action des sociétés anonymes françaises. Le souscripteur n'est pas tenu d'en verser de suite un dizième. C'est une somme d'épargne que le sociétaire s'engage à amasser et qu'il constituera par petits versements mensuels (1 mark).

Le Vorschussverein se procure des capitaux par un autre moyen : il reçoit des dépôts comme une véritable caisse d'épargne. Il accepte les sommes les plus minimes.

Il est encore alimenté par une caisse centrale : la banque Sorgel, Parisius et Cie, sise à Berlin, ouvre à toutes les associations locales des crédits étendus sous forme de comptes courants ; elle reçoit leurs dépôts et au besoin emprunte à des particuliers ou à des caisses publiques (1).

En principe, la caisse Schulze *ne prête qu'à ses membres*, mais cette règle a fléchi dans la pratique, et les étrangers solvables obtiennent du crédit dans cet établissement.

Les *garanties* exigées de l'emprunteur sont les suivantes : les prêts sont délivrés sur la présentation de deux cautions. On admet également le gage et l'hypothèque.

La banque Schulze avance des fonds sous trois *formes* différentes : l'obligation civile non négociable, la lettre de change et le billet à ordre, le compte courant.

L'*échéance* est courte ; le délai le plus commun est de trois mois, sauf renouvellement. Le sociétaire qui ne paie pas au terme échu s'expose à se voir refuser un nouveau crédit.

(1) Le mouvement d'affaires a été, en 1897, de 2 millards 783 millions.

L'*intérêt* perçu est élevé. Il est en moyenne de 5 0/0 ; il atteint souvent 7 0/0 et même 10 0/0.

Les *bénéfices* réalisés sont répartis comme suit : Une portion est distribuée sous forme de dividendes entre les sociétaires ; une autre va aux administrateurs (le président, le caissier, le contrôleur ont un traitement) ; une autre enfin constitue le fonds de réserve.

Les dividendes alloués aux associés sont souvent considérables (1) ; mais ce résultat n'est obtenu qu'au moyen d'intérêts élevés qui grèvent surtout les artisans, et d'une manière générale les classes populaires.

On prétend justifier ce système de crédit, en disant que le dividende touché par le sociétaire emprunteur diminue d'autant l'intérêt qu'il a dû payer.

Ce raisonnement serait exact, si les bénéfices étaient attribués aux seuls sociétaires emprunteurs, proportionnellement à l'intérêt versé par eux.

Mais il n'en est pas ainsi : les profits sont répartis entre tous les associés ; et finalement les plus gros dividendes sont touchés par les riches capitalistes, qui ont soldé le montant intégral de leur part sociale, et qui n'ont pas eu besoin de recourir à la caisse pour des emprunts.

Dans son système de crédit, Schulze ne fait interve-

---

(1) En 1895, sur 1.036 associations ayant fait connaître leurs dividendes à l'Union centrale des Associations Schulze, 995 avaient distribué un dividende moyen de 6 0/0 ; 62 avaient donné 7 1/2 0/0 ; 37, 8 1/2 0/0 (ouvrage de M. Blondel, M. Julhiet).

nir qu'un seul principe : l'initiative individuelle, le Self-help. Aide-toi toi-même, telle est sa devise. L'emprunteur est donc livré à lui-même, sans conseil, sans guide, sans patronage.

Suivant ce principe, les Vorschussvereine ont conservé la plus entière indépendance vis-à-vis de l'État. Elles ont refusé l'appui et les subventions du gouvernement. Leurs représentants, les docteurs Schenck, Cruger, Parisius, ont combattu la loi du 31 juillet 1895, qui a créé une caisse centrale à dotation d'Etat.

M. Julhiet déclare à ce propos que les caisses Schulze sont des organismes encore un peu en désaccord avec l'état actuel du paysan allemand. Ce paysan a besoin d'un patronage bienveillant ; il n'est point débarrassé de ses habitudes routinières, de sa soumission un peu respectueuse vis-à-vis de l'usurier ; il ne doit pas être émancipé de suite, ni être pourvu en toute liberté de cet instrument délicat qu'on appelle le crédit (1).

Au point de vue agricole, les Vorschussvereine ont soulevé d'autres critiques : l'intérêt demandé aux emprunteurs est exagéré ; le délai de remboursement est trop bref ; les administrateurs, directement intéressés au succès de l'entreprise par les tantièmes qu'ils prélèvent sur les bénéfices, sont exposés à conclure des opérations aléatoires susceptibles d'entraîner de véritables désastres, comme le Vorschussverein d'Osterfeld, dont

(1) Voir l'ouvrage de M. Blondel sur les populations rurales de l'Allemagne.

la faillite répartit sur ses 269 membres une perte de 470.000 marks.

En résumé, les caisses Schulze sont peu appropriées aux besoins des paysans : elles possèdent une organisation qui est plutôt en harmonie avec les habitudes des classes urbaines. « C'est ainsi que le paiement de la part d'affaires est une excellente mesure pour l'ouvrier des villes dont les payes sont fréquentes » (M. Blondel).

Nous devons reconnaître cependant que, malgré leurs imperfections, les associations Schulze ont obtenu un brillant succès. En 1895, il existait 2.700 Vorschussvereine, comprenant 900.000 membres dont 300.000 agriculteurs. Au 1er avril 1897, il y avait 3.005 établissements du même type.

Les crédits accordés annuellement se montent à 2.700.000 marks dont 800 millions pour l'agriculture.

Caisses Raiffeisen.

Les caisses Raiffeisen (Darlehenskassen) sont des institutions exclusivement agricoles. Elles sont l'œuvre de Frédéric-Guillaume Raiffeisen.

Frappé de la détresse des paysans allemands, ce philanthrope résolut d'y remédier par l'association et le crédit mutuel. Il parvint en 1849 à grouper une soixantaine d'habitants aisés de Flammersfeld, bourg situé dans la Prusse rhénane. Il donna à ce groupement le titre caractéristique de « Société d'assistance de Flammersfeld pour le soutien des cultivateurs pauvres ».

Ainsi, dès le début, l'idée charitable se trouve à la base des institutions Raiffeisen.

Ce système excita d'abord quelque défiance. En 1854 seulement, Raiffeisen fonda sa seconde caisse ; en 1862, sa troisième. En 1874, les Dalehenskassen atteignirent une certaine notoriété, et, vers l'année 1880, elles se multiplièrent d'une façon sensible. Depuis cette époque, elles se sont rapidement propagées.

Les caisses Raiffeisen sont des institutions de crédit qui reposent sur le principe de la responsabilité illimitée. C'est le seul trait qui les rapproche des Vorschussvereine.

Elles ont pour but d'avancer des capitaux à leurs adhérents. Cette règle ne souffre pas d'exception ; les sociétaires seuls bénéficient du crédit de la caisse.

La banque Raiffeisen n'embrasse qu'un district très limité, comprenant une population de 1.000 à 1.200 habitants.

Elle est administrée par un comité de cinq membres, dont les fonctions sont gratuites. Le comptable seul est rémunéré.

L'emprunteur doit spécifier l'objet du prêt et présenter deux cautions ou des sûretés équivalentes.

La forme du prêt est généralement l'obligation civile non négociable. Le compte courant est peu usité.

Le taux de l'argent est modéré : 4 ou 4 1/2 0/0. Il est supérieur à l'intérêt que la société paie elle-même à ses prêteurs. La différence est affectée à la constitution d'un fonds de réserve inaliénable. D'après les principes de Raiffeisen, les sociétaires ne doivent toucher aucun dividende, quelque importante que soit la réserve.

L'échéance s'étend jusqu'à 9 mois, un an, dix ans.

Le remboursement de l'obligation s'effectue par paiements partiels, échelonnés suivant les dates des recettes opérées par l'emprunteur.

Si celui-ci inspire quelque crainte, soit par sa négligence, soit par son inconduite, la société est investie d'un droit spécial : elle peut réclamer dans le mois, après préavis, le remboursement de l'avance.

Les capitaux que la caisse Raiffeisen avance lui sont fournis par des particuliers, sous forme de prêts directs ou de dépôts d'épargne. De plus, la caisse centrale de Neuwied lui ouvre des crédits aussi étendus que ses besoins l'exigent. Enfin, depuis la loi du 1er mai 1889, les sociétaires doivent verser le montant d'une part sociale : 12 à 15 francs. Les statuts primitifs n'exigeaient ni part d'affaires, ni droit d'entrée.

Pour se conformer à la nouvelle loi, il a fallu admettre les dividendes ; « mais ils doivent être aussi faibles que possible, et toujours inférieurs au taux payé aux épargnes déposées à la Caisse. Ils ne dépassent pas 4 0/0 » (1).

La loi de 1889 oblige les sociétés coopératives à revi-

(1) Ouvrage de M. Blondel (Section de M. Julhiet).

ser leurs opérations tous les deux ans. Les institutions Raiffeisen n'ont pas attendu cette mesure ; dès 1876, l'Union générale de ces caisses faisait procéder à un contrôle périodique des livres par un corps d'inspecteurs et de vérificateurs.

La loi de 1889 autorise la création de sociétés coopératives ayant pour membres non des particuliers, mais des caisses coopératives locales. En vertu de ce texte, la caisse centrale de Neuwied s'est constituée en société coopérative à responsabilité limitée. Dans un établissement de ce genre, la responsabilité indéfinie n'est pas nécessaire.

La caisse centrale, en effet, ouvre des comptes courants aux sociétés locales. Elle leur fournit de l'argent et reçoit leurs dépôts.

« Or, un petit capital social, formé par les parts d'affaires des sociétés affiliées, est suffisant pour garantir le montant de ces dépôts (1). »

La situation de la caisse centrale de Neuwied est florissante ; on s'en rendra compte par le tableau dressé à la fin de ce chapitre.

Les caisses Raiffeisen, en même temps qu'elles avancent des capitaux à leurs membres, poursuivent une autre mission ; elles tendent à améliorer la condition *morale* de l'emprunteur. Cette idée se dégage de l'examen des statuts ; ainsi l'emploi du capital prêté est

(1) M. Louis Durand.

désigné d'avance dans les moindres détails ; le remboursement a lieu par acomptes. Si l'emprunteur ne satisfait pas aux conditions exigées, on peut l'obliger à payer le montant total de la créance, un mois après l'avertissement.

Ces diverses mesures ont pour but de maintenir le débiteur dans le droit chemin. Elles exercent une influence salutaire sur l'emprunteur à qui elles font contracter des habitudes de régularité et d'économie.

« Quant aux résultats, on reproche aux caisses Raiffeisen d'être philanthropiques et de mettre le paysan en tutelle. Sans doute il serait préférable que le paysan fût livré à son propre jugement et discernât lui-même s'il est utile d'emprunter. Mais on peut affirmer que le paysan allemand n'est pas capable de cette appréciation ; il résiste difficilement à la tentative d'emprunter et de dissiper l'argent qu'il emprunte ; une amicale surveillance, quelques sages conseils ne lui sont pas inutiles (1). »

De cet aperçu, il ressort que les caisses Raiffeisen sont des établissements de crédit parfaitement adaptés aux besoins des cultivateurs, et supérieurs, à ce point de vue, aux caisses Schulze-Delitzsch.

Ainsi le chiffre très bas de la part d'affaires, la modération du taux de l'intérêt, la longueur de l'échéance, la spécification du but de l'emprunt, forment autant de

(1) Ouvrage de M. Blondel sur les populations rurales de l'Allemagne (Section de M. Julhiet).

dispositions favorables au développement du crédit agricole.

Pour cette raison, les caisses Raiffeisen ont été bien accueillies par les populations rurales de l'Allemagne. Un de leurs panégyristes, M. Wolf, après avoir mentionné leurs progrès, écrit : le gouvernement maintenant les encourage, les diètes provinciales les réclament, les prêtres et les ministres les couvrent de bénédictions, les paysans les aiment.

Cet éloge correspond aux résultats magnifiques obtenus par les banques Raiffeisen : « Dans le courant de 1895, il existait, en effet, 3.200 caisses se rapprochant plus ou moins du type Raiffeisen, comptant 270.000 membres, auxquels avaient été prêtés 60 millions de marks, soit 75 millions de francs (1). »

L'Union de Neuwied, qui groupe un certain nombre d'associations Raiffeisen, comprenait, au commencement de l'année 1897, 2.450 sociétés, à la fin de la même année, leur nombre s'élevait à 2.700.

Les 2.700 sociétés sus-indiquées se répartissaient dans l'empire allemand, comme il suit :

(1) M. Blondel, ouvrage déjà cité.

TABLEAU DES CAISSES ADHÉRENTES A L'UNION DE NEUWIED (1).

Province du Rhin	423	Report	1.541
Brandebourg	124	Brunswick	4
Posen	64	Hanovre	5
Poméranie	26	Prusse occidentale	172
Mecklembourg	43	Rheinpfalz	152
Schlesien	247	Baden	23
Hesse-Cassel	247	Grand-Duché de Hesse	31
Principauté de Waldeck	1	Hohenzollern	5
Prusse orientale	134	Wurtemberg	1
Province de Saxe	49	Bavière	299
Royaume de Saxe	12	Alsace-Lorraine	287
États de Thuringe	171	Nassau	180
A reporter	1.541	Total	2.700

(1) Extrait du *Landwirthschaftliches Genossenschaftsblatt*, journal publié par l'Union générale des associations agricoles (Union de Neuwied), 15 juillet 1898. Communication du Dr Cremer.— A la même date (au 15 juillet 1898) on comptait 2.927 sociétés.

SITUATION DE LA CAISSE CENTRALE DE NEUWIED AU 31 DÉCEMBRE 1897 (1).

ACTIF		PASSIF	
1° En caisse	176.439^{m}05	1° Capital..........	1.715.800^m »
2° Valeurs.........	1.313.180 10	2° Dépôts..........	12.429.198 28
3° Crédit aux caisses particulières	23.595.087 21	3° Crédit de la caisse centrale des associations prussiennes.............	2.368.568 11
4° Créances hypothécaires...........	105.896 29	4° Cautionnement du directeur........	23.521 99
5° Compte à la Reichsbank	38.163 84	5° Comptes courants avec les caisses particulières	7.403.000 »
6° Mobilier........	2.092 80	6° Autres dettes....	1.073.200 »
7° Intérêts dus à la caisse...........	56.970 93	7° Réserve.........	195.722 67
		8° Réserve spéciale n° 1	14.322 55
		9° Réserve spéciale n° 2	5.112 22
Somme de l'actif.	25.287.830^{m}22	Somme du passif.	25.228.445^{m}82

L'actif comporte................. 25.287.830^{m}22

Le passif comporte............. 25.228.445 82

Gain net .... 59.384^{m}40

Caisses Haas.

Il existe une autre variété de caisses rurales en Allemagne, celles fondées par le Dr Haas. Elles sont grou-

(1) Extrait du *Landwirthschaftliches Genossenschaftsblatt* (15 juillet 1898). Communication du Dr Cremer.

Pendant le premier semestre de *l'année 1898*, le mouvement d'affaires de la caisse de Neuwied a été de 145 millions.

pées dans une union intitulée : *Fédération générale des Associations agricoles allemandes*, dont le siège est à Offenbach sur le Mein.

Les caisses Haas n'ont pas adopté un système propre. « Nous avons pris notre bien un peu partout, disait un jour M. Haas, soit chez Schulze, soit chez Raiffeisen, soit dans nos inspirations, et nous avons bien réussi. »

La caractéristique des caisses Haas, c'est donc la pleine liberté pour chaque association de rédiger ses statuts à sa guise.

Ces institutions se rapprochent des caisses Schulze-Delitzsch par les points suivants : elles exigent une « part d'affaires » assez élevée, distribuent des dividendes, rémunèrent les administrateurs. D'autre part, elles sont composées en majeure partie de propriétaires ruraux, admettent de longs délais de remboursement : ces règles sont conformes à la doctrine de Raiffeisen.

Les caisses du Dr Haas se sont répandues rapidement dans l'empire allemand ; « au 1er avril 1897, elles étaient au nombre de 2.447 » (M. Georges Blondel).

Loi du 31 juillet 1895.

L'État allemand qui a le plus fait pour le crédit agricole, c'est la Prusse (1). En vertu de la loi du 31 juillet 1895, une caisse centrale des associations prussiennes

(1) M. Maurice Block, *Une crise de la propriété rurale en Allemagne.*

a été créée à Berlin. Le gouvernement a commencé par lui allouer une somme de 5 millions de marks. Cette somme a été portée à 20 millions par la loi du 8 juin 1896 et à 50 millions par une loi de 1898.

La caisse centrale de Berlin est un établissement destiné à faire des avances aux caisses centrales ou unions d'associations locales.

Les prêts étaient d'abord consentis au taux de 3 0/0. Au mois d'août 1898, le chiffre a été élevé de 1 0/0 (1).

La caisse centrale accorde un crédit déterminé à chaque caisse d'union, et dans les limites de cette somme, aucune garantie spéciale n'est demandée. Le montant du crédit varie suivant l'organisation de chaque institution. Ainsi dans les unions dont les associations primaires sont constituées sur le principe de la responsabilité illimitée, on tient compte de la fortune de l'ensemble des membres de l'association. Au contraire, dans les unions qui ont revêtu la forme de sociétés anonymes par actions, le crédit est fixé d'après le montant du capital social (2).

En avril 1898, la caisse centrale était en compte courant avec 749 caisses d'union.

Cette institution a été bien accueillie en Allemagne, sauf par les disciples de Schulze-Delitzsch qui, suivant la doctrine du selfhelp, repoussent tout secours de

(1) M. Lourties, *Rapport sur les caisses régionales de crédit*, séance du Sénat du 10 janvier 1899.
(2) M. Maurice Block, ouvrage déjà cité.

l'État. Aussi le congrès tenu à Augsbourg en 1895 par la Fédération générale des associations coopératives allemandes a-t-il repoussé l'appui de la caisse officielle.

En revanche, la même année, le Dr Haas, syndic de l'union d'Offenbach, transmettait au gouvernement impérial une adresse élogieuse, le félicitant de sa récente création. Le Dr Cremer, syndic de l'union de Neuwied, déclarait qu'il aurait recours à la caisse centrale, si elle lui prêtait de l'argent à meilleur compte que les particuliers.

Ces témoignages prouvent que la majorité des associations allemandes est favorable à la loi du 31 juillet 1895 (Georges Blondel).

L'Italie.

Le secret de la résurrection de l'Italie tient à un mot qui n'a rien de mystérieux : l'*Association*. Là, comme en Allemagne, on s'est groupé pour vivre à meilleur marché, pour produire à meilleur compte, pour emprunter plus facilement les fonds nécessaires à l'extension du travail ; et ces trois formes de la coopération ont concouru à former un système économique puissant qui a exercé l'influence la plus heureuse sur le relèvement de la nation italienne (1).

(1) *La Prévoyance sociale en Italie*, par M. Léopold Mabilleau. — Introduction.

Caisses Luzzati.

Les premières institutions de crédit que nous voyons fleurir au delà des Alpes sont les banques populaires et agricoles de M. Luigi Luzzati. Cet homme éminent comprit de bonne heure les maux causés par l'usure aux classes laborieuses, et, pour remédier à cette situation, il résolut de créer des établissements suivant la méthode du coopérateur allemand Schulze-Delitzsch.

Ses efforts furent couronnés de succès. La première caisse fondée à Lodi en 1864 fut suivie de beaucoup d'autres, à Milan, à Crémone, dans les régions de la Lombardie et dans toute la Péninsule.

Les banques populaires ont réuni des Congrès qui se tiennent dans les principales villes de l'Italie. Elles ont établi des groupes régionaux ; elles ont fondé une fédération puissante, intitulée : *Association des banques populaires italiennes*.

« Elles étaient 50 en 1870. Au 1er janvier 1894, elles comprenaient 368.000 sociétaires, parmi lesquels 88.000 agriculteurs et 17.000 ouvriers de la terre. En 1897, on comptait 720 banques populaires (1). »

La « Caisse Luzzati » est une société anonyme à capital variable. Pour faire partie de la société, il faut payer un droit d'entrée, puis souscrire une ou plusieurs actions dont le montant varie suivant les institutions.

(1) M. Léopold Mabilleau, *La Prévoyance sociale en Italie*.

« Les actions de la banque populaire de Crémone ont une valeur nominale de 50 L. ; dans la banque de Lodi, le capital se compose de deux séries d'actions : les unes sont de 60 L., les autres de 30 L. (1). »

Le souscripteur se libère par des versements mensuels, qui sont assez élevés, et qui atteignent généralement le chiffre de 5 francs.

La responsabilité de chaque associé est limitée au montant de sa part sociale. C'est un élément caractéristique des banques Luzzati. Il les sépare des Vorschussvereine, lesquels sont basés sur la responsabilité indéfinie.

Les versements mensuels sont aussi plus considérables que dans la caisse Schulze-Delitzsch. Cette disposition est logique : Une banque populaire n'atteint son but qu'en fournissant des garanties à ses créanciers. Si elle n'offre pas la solidarité de ses membres, elle se trouve forcée de constituer rapidement un capital social important. Pour satisfaire à cette condition, des mensualités d'un chiffre élevé sont obligatoires (2).

Les actions de la banque populaire sont nominatives. Un sociétaire peut en posséder plusieurs, mais il n'a droit qu'à une voix dans les assemblées générales. L'administration est confiée à un comité qui touche une rétribution fixe (3).

(1) M. Léopold Mabilleau, *La Prévoyance sociale en Italie*, section rédigée par M. Rayneri.
(2) Louis Durand, *Le crédit agricole en France et à l'étranger*.
(3) Cette règle n'est pas absolue. Il se produit dans la pratique de

Les prêts sont accordés pour trois mois ; ils peuvent être renouvelés. Le taux moyen est de six pour cent.

Une partie des bénéfices est affectée à la constitution d'un fonds de réserve ; une autre fraction est destinée au traitement des administrateurs ; le reste est réparti entre les actionnaires sous forme de dividendes.

Les banques populaires distribuent des prêts à leurs associés ; elles leur ouvrent des comptes courants ; elles escomptent des lettres de change. Ces lettres de change doivent porter deux signatures, ou être garanties par un dépôt de valeurs ; mais elles peuvent être payables à six mois d'échéance.

« Cette disposition a été bien accueillie par les agriculteurs. En effet, le délai de six mois leur est plus favorable que le délai de trois mois » (Louis Durand).

Les banques populaires jouent le rôle de caisses d'épargne. Elles reçoivent les dépôts provenant soit de leurs sociétaires, soit de personnes étrangères.

Les caisses Luzzati emploient un système mixte : elles alternent les opérations de crédit urbain avec celles de crédit rural. Elles entremêlent dans leur portefeuille les effets commerciaux à court terme avec les effets agricoles à longue échéance.

Cette combinaison, qui est considérée par M. Luzzati

beaux exemples de dévouement. Des sénateurs, des députés, des magistrats, des maires de villes importantes se font gloire d'occuper gratuitement des fonctions modestes dans l'administration des banques populaires (M. Luzzati).

comme une supériorité des coopératives mixtes sur les Caisses Raiffeisen (1), a été très utile à l'agriculture italienne.

Si l'on examine les bilans de la banque populaire de Padoue, qui a été l'objet de la sollicitude particulière de M. Luzzati, on remarque que le quart des avances environ est consacré aux cultivateurs. Sur 292 millions d'opérations effectuées depuis la fondation (1866), 77 millions ont profité aux agriculteurs (2).

Cet exemple a été suivi à Bologne, à Plaisance, à Crémone. Les banques populaires ont répandu dans toute l'Italie la bienfaisante rosée du crédit agricole.

Caisses Wollemborg.

Après M. Luzzati, le fondateur des banques populaires, il faut nommer M. Leone Wollemborg, l'organisateur des caisses rurales italiennes.

Il a créé le premier établissement de ce type en 1883 à Lorreggia, petite commune des environs de Padoue.

Le mouvement s'est propagé et aujourd'hui plusieurs centaines de caisses rurales fonctionnent dans les campagnes.

Ces caisses agricoles sont organisées sur le même plan que celles de Raiffeisen : solidarité des associés, absence de capital social, absence de dividendes, limi-

(1) V. la préface de M. Rostand à l'ouvrage de M. Léon Say : *Dix jours dans la Haute-Italie.*
(2) *La Prévoyance en Italie* (section de Rayneri).

tation territoriale, gratuité des fonctions administratives, indivisibilité du fonds de réserve.

Le système Wollemborg se distingue du système Raiffeisen par quelques points de détail :

1° On a vu que, dans les Darlehenskassen, les prêts sont à long terme et remboursables par annuités.

Ici les prêts sont représentés par des effets à 3 mois. Si l'emprunteur veut un renouvellement, il l'obtient sans difficulté ; mais il doit le demander. On prétend qu'ainsi le débiteur se trouve obligé de payer régulièrement les intérêts échus ;

2° Les Darlehenskassen exigent toujours une garantie personnelle ou réelle. Les caisses Wollemborg, pour les prêts à court terme, se contentent de la seule signature de l'emprunteur.

Les caisses Wollemborg prêtent à leurs membres au taux de 6 0/0. Elles empruntent elles-mêmes à 4 et 5 0/0. (Ces chiffres élevés prouvent que l'argent vaut plus cher en Italie qu'en France.)

Les caisses rurales sont alimentées par des particuliers, par les banques populaires, par les caisses d'épargne.

Le régime des caisses d'épargne italiennes est celui du libre emploi. Grâce à cette liberté, elles peuvent favoriser les entreprises locales : industrielles, commerciales, agricoles. Elles prêtent un concours large et généreux aux caisses rurales.

C'est ainsi que la caisse d'épargne de Padoue leur a

ouvert ses guichets dès la première heure. La caisse rurale de Loreggia a reçu les premiers encouragements. Successivement des avances ont été faites aux autres caisses qui se sont fondées dans la Vénétie. Les sommes mises chaque année à leur disposition s'élèvent à un chiffre respectable qui, pendant l'année 1895, a été de 182.550 L. au taux de 4 fr. 25 0/0 (1).

Le patronage de ces établissements financiers : caisses d'épargne, banques populaires, a contribué à la diffusion des caisses rurales, aujourd'hui nombreuses en Italie.

On distingue deux groupes principaux :

1° Les caisses rurales relevant de l'action de M. Wollemborg, qui sont au nombre d'une soixantaine ; elles reposent sur le principe de la neutralité politique et religieuse ;

2° Les caisses rurales « catholiques » fondées par l'abbé Cérutti. Au début de l'année 1897, elles étaient 540.

« Ces établissements sont alimentés par des banques provinciales spécialement affectées à cette destination, et par une banque centrale située à Parme chargée de recueillir le trop plein des unes et de combler les vides des autres (2). »

Au 31 décembre 1896, 440 caisses rurales « catholiques » avaient publié le compte rendu de leur situa-

(1) M. Mabilleau, ouvrage déjà cité.
(2) *Id.*

tion financière. Pendant l'année qui venait de s'écouler, elles avaient prêté à leurs sociétaires une somme totale évaluée près de 6 millions de L. (5.744.694 L. 45) (1).

Nous empruntons à l'ouvrage récent de M. Micheli (2) les détails suivants sur la caisse centrale de Parme :

La caisse centrale de Parme a été constituée le 5 mai 1896 par l'initiative de 35 caisses rurales catholiques du diocèse d'Adria.

Le capital primitif était fixé à 13.600 L. et divisé en 136 actions de 100 L. Les 3/10 du capital social seulement ont été versés.

La société a pour objet l'exercice du crédit sous toutes ses formes et se propose comme but principal de faciliter les opérations des caisses rurales catholiques.

Les bénéfices nets, après prélèvement de la somme destinée à servir un intérêt de 4 0/0 aux actionnaires, sont distribués comme il suit : 20 0/0 sont affectés au fonds de réserve ; 10 0/0 à la constitution d'un fonds de prévoyance ; 20 0/0 aux œuvres catholiques désignées par le conseil d'administration ; le reste est réparti entre les caisses rurales actionnaires, partie pour former un fonds de propagande, partie pour diminuer le taux de l'intérêt.

L'institution reçoit des dépôts en comptes courants, délivre des prêts sur hypothèque et fait des avances aux caisses rurales.

(1) Rapport de M. Micheli, directeur de la caisse centrale de Parme (V. *Bulletin de l'Union des caisses rurales*, mai 1898).

(2) *Le Casse rurali italiane*, par M. Giuseppe Micheli.

Toutes les caisses rurales catholiques peuvent déposer de l'argent à la caisse centrale de Parme. Elles reçoivent un intérêt de 3 fr. 25 0/0. Si elles manquent de fonds, elles peuvent emprunter des capitaux à 4 fr. 75 0/0.

Le nombre des caisses rurales actionnaires était de 85 *au 31 mai 1898* ; elles se trouvaient réparties dans toute l'Italie.

Voici le détail de la situation financière à cette même date :

ACTIF.		PASSIF.	
Portefeuille . . .	327.483,05 l.	Capital versé . . .	22.200,00 l.
Comptes courants.	182.173,66 »	Dépôts	649.523,36 »
Valeurs publiques.	71.172,00 »	Comptes courants passifs.	34.740,23 »

. . . .

En Italie, les caisses rurales catholiques n'ont pas seulement constitué une caisse centrale, elles se sont encore fédérées. Le but de ces fédérations c'est de poursuivre la fondation de nouvelles caisses et de développer le fonctionnement des caisses déjà existantes, en maintenant l'esprit dans lequel elles ont été créées.

Il existe des fédérations pour les caisses neutres comme pour les caisses catholiques. Parmi les premières, il faut citer celle de Padoue, qui réunit 51 caisses neutres.

Les fédérations de caisses rurales catholiques sont nombreuses ; l'une des plus importantes est celle de Bergame qui comprend 257 associations et 19.234 membres (1).

(1) V. le livre de M. Giuseppe Micheli, *Le Casse rurali italiane*. Note

Les caisses rurales italiennes sont en pleine prospérité. Elles ont su résister, par la solidité de leur mécanisme, à la crise économique qui a sévi avec intensité dans leur patrie. Pendant cette période, des sinistres se produisaient dans les établissements de banque, dans les maisons de commerce, dans les manufactures ; le cours de la rente baissait dans des proportions inquiétantes ; seules les banques populaires et les caisses rurales continuaient à fonctionner normalement. C'est le témoignage de M. Carlo Contini, avocat à Milan, lieutenant de M. Wollemborg.

Caisses agraires.

Les caisses agraires sont des institutions qui ont pris naissance dans la province de Parme. Elles doivent leur existence à la caisse d'épargne de cette localité. Sous l'initiative de M. Guerci, administrateur de la caisse d'épargne, cet établissement entreprit une série de réformes susceptibles de favoriser l'agriculture.

C'est ainsi que fut créée en 1892 une *Chaire ambulante* (cattedra ambulante).

La chaire ambulante est occupée par un professeur d'agriculture qui doit se transporter auprès des paysans et les instruire des méthodes perfectionnées, des procédés les plus efficaces pour obtenir une culture soignée et rémunératrice.

Storiche-Statistiche, Parma ; *La Cooperazione popolare*, Borgo Macina, 33 (1898).

Après la chaire ambulante, vient la *Caisse agraire*. Celle-ci est une société en nom collectif, basée sur la solidarité, et procurant des capitaux à ses membres.

Elle se sépare de la caisse Wollemborg par un point particulier: celle-ci emprunte ses fonds en toute liberté, aux capitalistes, aux banques populaires, aux caisses d'épargne, tandis que la caisse agraire s'engage à s'alimenter exclusivement à la caisse d'épargne, à lui confier tous ses dépôts. La caisse rurale est un établissement autonome ; la caisse agraire est placée sous la tutelle de la caisse d'épargne.

« Cette réglementation facilite la surveillance exercée par la caisse d'épargne sur l'emploi des fonds prêtés.

« Les caisses agraires sont au nombre de 9 dans la région parmesane ; pendant l'année 1896, elles ont prêté à leurs membres 70.124 L. 89 (1) .»

La dernière création de la caisse d'épargne de Parme est le syndicat agricole. Il constitue un rouage précieux dans cette organisation si heureusement combinée ; le professeur d'agriculture indique l'acquisition à réaliser; le syndicat agricole exécute la commande ; la caisse agraire délivre le prêt nécessaire pour le paiement de cette commande et remet les fonds au syndicat luimême.

Ainsi les capitaux avancés ne sont jamais détournés de leur destination.

(1) M. Ch. Rayneri, *La prévoyance sociale en Italie*.

Le système de la Caisse d'épargne de Parme « forme dans son ensemble une heureuse coordination des trois principaux facteurs du progrès agricole : la science, le crédit, la suppression des intermédiaires (M. Ch. Rayneri).

La Suisse.

En Suisse, le crédit agricole est distribué par les caisses rurales et les banques populaires.

Les caisses rurales sont peu nombreuses ; mais les banques populaires sont florissantes. La plus célèbre est la banque de Berne qui a des succursales à Zurich, à Fribourg, à Bâle, à St-Gall.

Le système de crédit usité dans ces banques est celui de Schulze-Delitzsch. Tout adhérent doit verser un droit d'entrée de 5 francs et souscrire une part sociale de 1000 francs payable par mensualités.

La responsabilité des sociétaires n'est pas solidaire. Elle est limitée, non pas au montant de la part sociale, mais à un multiple généralement quintuple de la somme versée à la banque.

Il semble que la banque populaire de Berne ait peu favorisé l'agriculture suisse. C'est du moins ce qui paraît résulter du petit nombre de sociétaires-agriculteurs.

La Russie.

En Russie, on a fondé des sociétés de crédit mutuel dans les principales villes de l'Empire : Moscou, Odessa, Astrakan, Kiew, Riga, Varsovie.

Chaque société ne délivre de prêts qu'à ses membres. Ces prêts sont souvent garantis par des marchandises.

La société de crédit mutuel accorde des avances sur les produits agricoles. Par là, elle se rend utile aux cultivateurs.

La banque d'État russe pratique le même système. A la suite des grandes récoltes de 1893 et de 1894, les marchés se trouvaient encombrés de marchandises, et les cours des céréales étaient tombés très bas. Dans l'intérêt des agriculteurs, la banque a inséré la clause suivante dans ses statuts :

« ART. 124. — A l'égard des personnes qui inspirent toute confiance à la banque, des prêts sur billet à une signature, garantis par la constitution d'un gage mobilier, peuvent être consentis aux conditions de faveur ci-après : la banque accepte comme gages les marchandises suivantes...

Ces marchandises peuvent être laissées à la garde de l'emprunteur et le montant du prêt peut être porté à 75 0/0 de l'estimation (1). »

L'institution du prêt sur récoltes par la Banque de l'Empire a été un bienfait pour la Russie. De ce fait l'agriculteur a été affranchi des complications de la procédure, des frais de justice ; il a été tiré des mains

(1) V. Documents parlementaires de la Chambre, 13 mars 1897 (Proposition de M. Delaunay).

des usuriers, des huissiers et autres gens de justice, qui
sont une plaie dans ce pays (1).

(1) V. l'ouvrage de M. Ladislas Zakrzewski : « *Dernières institutions
de crédit agricole en Russie*

BIBLIOGRAPHIE

Actes des Congrès du Crédit populaire, Marseille, 1889 ; Menton, 1890 ; Bourges, 1891 ; Lyon, 1892 ; Toulouse, 1893 ; Bordeaux, 1894 ; Nîmes, 1895 ; Caen, 1896 ; Lille, 1897 ; Angoulême, 1898.

Agriculture nouvelle, 25 mars et 1er avril 1899.

Block Maurice. — Une crise de la propriété rurale en Allemagne, Guillaumin, 1898.

Blondel Georges. — Etudes sur les populations rurales de l'Allemagne et la crise agraire, 1897.

Bulletin mensuel de l'Union des Caisses rurales et ouvrières à responsabilité illimitée, juin 1897, janvier 1898.

Bulletin du Crédit populaire, mai 1897.

Coulet E. — Le mouvement syndical et coopératif dans l'agriculture française, 1898.

Chabrol. — Du crédit mutuel et coopératif, 1896.

Chastenet. — Rapport sur le projet de loi relatif aux warrants agricoles. Documents parlementaires de la Chambre des députés, 3 décembre 1897.

Delaunay. — Proposition de loi ayant pour but la création et la négociation des warrants agricoles. Documents parlementaires de la Chambre, 13 mars 1897.

Durand L. — Le crédit agricole en France et à l'étranger, 1891.

— Manuel pratique à l'usage des fondateurs et administrateurs des Caisses rurales, 1895.

Journal des Économistes, numéro du 15 mai 1899 (Rapport de M. René Worms à la Société d'Économie politique).

Jeanneney J. — Du crédit agricole mobilier (1889).

Galliet G. — Le gage sans dessaisissement et le crédit agricole. — Des warrants agricoles. Loi du 18 juillet 1898, Caen, 1899.

Jurisprudence municipale et rurale. Second fascicule de l'année 1898.

Lourties V. — Rapport sur les caisses régionales de crédit agricole mutuel. Documents parlementaires du Sénat, 10 janvier 1899.

Mabilleau L., Rayneri, Rocquigny (de). — La prévoyance sociale en Italie, 1898.

Méline J. — Discours sur le crédit agricole dans la discussion relative au renouvellement du privilège de la Banque de France. Séance de la Chambre du 17 juin 1897.

— Projet de loi sur les warrants agricoles. Documents parlementaires de la Chambre, 28 octobre 1897.

— Discours sur la crise agricole, 20 novembre 1897.

— Projet de loi ayant pour but l'institution de Caisses régionales de crédit agricole mutuel, 20 décembre 1897.

Micheli Giuseppe. — Le casse rurali italiane, Parma, Borgo Macina, 33 (1898).

Rayneri Ch. — Le crédit agricole par l'association coopérative, 1896 (Manuel à l'usage des promoteurs et administrateurs d'associations de crédit agricole).

— Modes divers de réalisation du crédit agricole par l'initiative privée. Rapport au Congrès de Caen, 1896.

— Compte rendu de la IIIe Session du groupe départemental des sociétés de crédit populaire des Alpes-Maritimes, Menton, 1898 (18 décembre).

Rostand E. — La réforme des caisses d'épargne françaises.

Villey E. — Principes d'Économie politique.

— De la nature et des conditions essentielles du crédit agricole. Rapport au Congrès de Caen, 1896.

Waucquez. — Le crédit agricole en Belgique, 1899.

CONCLUSION

De l'étude que nous avons entreprise, il résulte que le crédit agricole a conquis en France une place importante. Six cents caisses rurales sont en plein fonctionnement, et soixante-quinze associations sont organisées suivant la loi du 5 novembre 1894.

Ces résultats, il est vrai, sont inférieurs à ceux obtenus par l'Allemagne et l'Italie ; mais si l'on veut bien se rappeler que la première caisse rurale date de 1893, que les fondateurs des premiers établissements de crédit agricole ont eu à lutter contre des difficultés innombrables, dont la moindre n'était pas l'esprit de routine invétéré des paysans, on conviendra qu'une œuvre qui a produit des fruits si rapides, correspondait à un besoin populaire.

Faudrait-il affirmer pour cela que le crédit agricole constitue une panacée universelle, suffisante à elle seule pour guérir les souffrances de la classe rurale, pour ramener chez elle la richesse et le bien-être ? Nous ne le pensons pas. En effet, de toutes les solutions proposées pour relever notre agriculture, aucune ne présente un caractère absolu ; le remède complet est encore à trouver.

Non, le crédit agricole ne renferme pas de vertu merveilleuse : comme les engrais chimiques, comme les droits protecteurs, c'est un remède partiel, d'une efficacité incontestable, pour adoucir dans une certaine mesure le sort des populations des campagnes.

En terminant, nous formulons le vœu que les établissements de crédit agricole unissent leur action à celle des syndicats agricoles. Cette alliance, qui a été réalisée en Italie, sera féconde en bienfaits pour les cultivateurs.

Grâce aux syndicats, les paysans se procureront plus facilement les semences, les engrais, les machines ; et les capitaux nécessaires à ces achats seront fournis par les sociétés coopératives de crédit.

Au point de vue social, les syndicats et les associations de crédit, se prêtant un mutuel concours, contribueront à unir, à discipliner, à fortifier la démocratie rurale, qui sera la plus solide barrière à opposer aux entreprises révolutionnaires (M. Jules Many, Congrès de Bordeaux).

Vu :
Le Professeur, Président de la thèse,
Edmond VILLEY.

Vu :
Le Doyen de la Faculté,
Edmond VILLEY.

Vu et permis d'imprimer :
Le Recteur de l'Université de Caen,
E. ZÉVORT.

TABLE DES MATIÈRES

Pages

INTRODUCTION.   1

CHAPITRE Iᵉʳ.— **Nature et utilité du crédit agricole** . . .   5

CHAPITRE II. — **La question du crédit agricole au parlement français.** 27

    SECTION   I. — Loi du 28 juillet 1860 29
    SECTION II. — Loi du 24 juillet 1867 31
    SECTION III. — Loi du 19 février 1889 39
    SECTION IV. — Projet de loi du 12 juillet 1892 44
    SECTION V. — Loi du 5 novembre 1894. 48
    SECTION VI. — Loi du 20 juillet 1895. 70
    SECTION VII.— § I. — *Loi du 17 novembre 1897*. 84
            § II. — *Loi du 31 mars 1899* 90
    SECTION VIII.— Loi du 18 juillet 1898. 102

CHAPITRE III. — **Aperçu des institutions de crédit agricole qui fonctionnent en France.** 129

APPENDICE. — Le crédit agricole à l'étranger 159

    L'Angleterre 159
    La Belgique. 160
    L'Allemagne 163
    L'Italie 183
    La Suisse. 194
    La Russie. 194

CONCLUSION 197

Imp. J. Thevenot, Saint-Dizier (Haute-Marne).

Imp. J. Thevenot, Saint-Dizier (Hte-Marne)